게릴라전

Guerrilla Warfare by Ernesto Che Guevara
Copyright©2012 by BN Publishing
All rights reserved.

This Korean edition was published by TNF Inc. publishing div. in 2022 by
arrangement with BN Publishing through KCC(Korea Copyright Center Inc.), Seoul.

이 책은 (주)한국저작권센터(KCC)를 통한 저작권자와의 독점 계약으로 (주)티앤에프 출판사업부에서 출간되었습니다. 저작권법에 의해 한국 내에서 보호를 받는 저작물이므로 무단 전재와 복제를 금합니다.

# 게릴라전

체 게바라 지음 | 남진희 옮김

약자가 강자에 맞서는 방법

걷는책

**일러두기**

★ 이 책은 스페인어판을 저본 삼아 우리말로 옮긴 후 영어판의 내용을 반영한 것이다.
★ 굵은 글씨의 주석은 저자가 개정판을 위해 교정한 부분에 대한 설명으로, 저본에서 가져왔다.
★ 그 밖의 주석은 별도 표시가 없으면 모두 옮긴이 주이다.
★ 저자가 파란색으로 직접 바꾸거나 추가한 부분은 파란색 밑줄로 대체하였다.

# 편집 노트

역사적 인물에 대한 상징적 의미가 있는 작품은, 그 인물에 대한 생생한 기억과 함께 한 시대의 맥락을 담아낸 비전을 보여주기에 남다른 가치를 갖는다.

어떤 면에서는 바로 이런 점이 1960년에서 1961년 사이에 체 게바라가 쓴 《게릴라전》의 출판을 기획한 의도였다. (혁명의) 역사와 발전이라는 측면에서, 규범을 체계화하기 위해 전쟁 전술 교범을 꾸며보고, 쿠바 게릴라 항쟁의 실제 경험을 이론화하고, 그 구조를 정의하고 일반화하여 보여주고자 했던 체 게바라의 의도는 충분히 충족시킬 수 있었다고 감히 이야기하고자 한다.

형식, 내용, 날카롭고 종합적인 통찰이 드러나는 문체 등 체 게바라의 글이 담고 있는 많은 특징으로 인해 이 책은 1960년대 혁명운동에 많은 반향을 일으켰다. 혁명가라면 반드시 책임져야 할 가장 근본적인 역할을 담은 중요한 원칙, 사회 개혁의 주체이자 완전한 사회 정의의 메신저로서의 임무 등 이 책은 새로운 모습의 게릴라 전사가 지녀야 할 성격을 반영하고 있다. 이런 이유만으로도 왜 이 교범이 게릴라 전술을 다루는 군사학교와 미국의 사관학교에서 학습 자료가 되었는지를 충분히 설명할 수 있다.

역사적 사건에서 배운 논리에 기초해, 체는 1965년 콩고에서의 새로운 항쟁 전선에 뛰어들었는데 이에 대해서는 《혁명전쟁 회고록(콩고편, Pasajes de la guerra revolucionaria: Congo)》에 기록을 남겼다. 콩고에서의 항쟁은 그 의도와 목적이 아주 높은 가치와 중요성을 지니고 있었음에도 불구하고 기대한 결과를 거두지 못했고, 결국 아프리카 통일 기구의 요청에 따라 이 항쟁을 지원하기 위해 동원되었던 쿠바 전투원 전원이 철수하는 일이 벌어졌다. 체 게바라도 결국 콩고에서 나왔고 그 후 탄자니아로 갔다가, 곧이어 전개될 투쟁을 준비하기 위해 프라하로 떠났다. 체는 그곳에 1966년 7월까지 머무르다 아무도 모르게 쿠바로 돌아와, 장차 그를 볼리비아로 이끌 군사훈련을 시작했다.

프라하에 머물 동안 그가 맡았던 과제 중에는 피델[1]의 간절한 요청을 받았던 《게릴라전》의 개정이 있었다. 피델은 1966년 6월 3일 체에게 보낸 편지에서 이 텍스트를 개정해 볼 것을 제언

---

1 피델 카스트로(Fidel Castro, 1926~2016). 쿠바의 혁명가, 정치가. 체 게바라와 함께 쿠바 혁명을 이끌어 성공한 후 1959년부터 2008년까지 49년간 쿠바를 통치하였다.

했는데, 다음과 같이 감동적으로 표현했다. "……나는 콩고에서의 경험을 기술할 자네의 책과 관련된 계획을 전체적으로 읽어보았네. 그리고 가능한 한 최선의 분석을 해 보기 위해 게릴라전 교범 또한 다시 한 번 읽어 보았네. ……(중략)…… 이 편지에서 당장 자네에게 이런 주제에 관해 이야기할 생각은 없지만, 콩고 혁명에 대한 자네의 글이 대단히 흥미로울 거란 사실을 알았으며, 나아가 이를 완벽하게 기록으로 남겨놓기 위한 노력 또한 대단한 가치가 있을 것으로 믿네. 내가 보기엔 게릴라전 교범도 여기에서 축적된 새로운 경험을 토대로 조금은 현대화시켜야 할 것이고, 새로운 아이디어를 도입하여 근본적이라고 할 수 있는 문제를 더 강조해야 할 걸세."

피델이 보낸 편지와 체가 쿠바에 도착한 날로부터 얼마 되지 않아 체의 개정 작업이 시작되었다. 체가 새롭게 바꾼 내용과 형식을 이해할 수 있도록 만든 이 책에는 무엇보다 체가 가장 최근에 마무리 지은, 앞으로의 확장을 위한 제안이 담겨있다.

개정된 부분들은 체가 언제나 사용하던 스타일을 그대로 유지하여 표시했다. 즉 빨강, 파랑, 녹색 등 다양한 색을 사용한 것부터 여백에 주석을 달아 조언 구하기, 검토하기, 확장하기 등의 다양한 지시 사항을 남긴 것들을 반영했다. 그런데 안타깝게도 지시 사항 중 상당 부분은 단순한 의견 제시로 남을 수밖에 없었고, 명확하게 완성할 수 없었다. 하지만 "베트남 상황에 맞춰 수정할 것"과 같은 권고처럼 체의 새로운 의견이 담보하고 있는 포괄적이고 시의적절한 비전만은 잘 반영하고 있다.

체가 표시한 주석의 역사적인 가치와 증거로서의 가치를 고려하여 이 《게릴라전》 개정판은 책을 좀 더 쉽게 이해하고 읽을 수 있도록 설명과 함께 그의 의견을 다루고 있으며, 굵은 글씨[2]를 사용하기도 했고, 경우에 따라선 페이지 하단에 설명을 덧붙이기도 했다.

체 게바라 연구 센터와 우리 오션 프레스(Ocean Press) 출판사는 공동 출판 계획, '체의 고전(古典)'이라고 이름을 붙인 이 작업을 통해, 체가 초판에서 카밀로[3]에게 바친 헌사, "나는 이 책의 출판을 카밀로 시엔푸에고스에게 허락받고 싶다. 그는 직접 이 책을 읽고 교정해야 했지만, 운명이 이를 가로막았다"라는 말을 통해 시사했던 것처럼 비록 미완성이지만 언제나 현재일 수밖에 없으며 계속 개정되어야 할 이 책의 (이 시점에서의) 최종본을 독자들에게 내놓고자 한다.

---

2 이 책에서는 파란색 밑줄로 대체했다. 3 카밀로 시엔푸에고스(Camilo Cienfuegos, 1932-1959). 쿠바의 혁명가, 사회주의적 아나키스트, 군인, 정치가. 피델 카스트로, 체 게바라와 함께 쿠바 혁명에 참가하였고 이후 군 장성으로 복무하며 농업개혁에도 영향을 미쳤다.

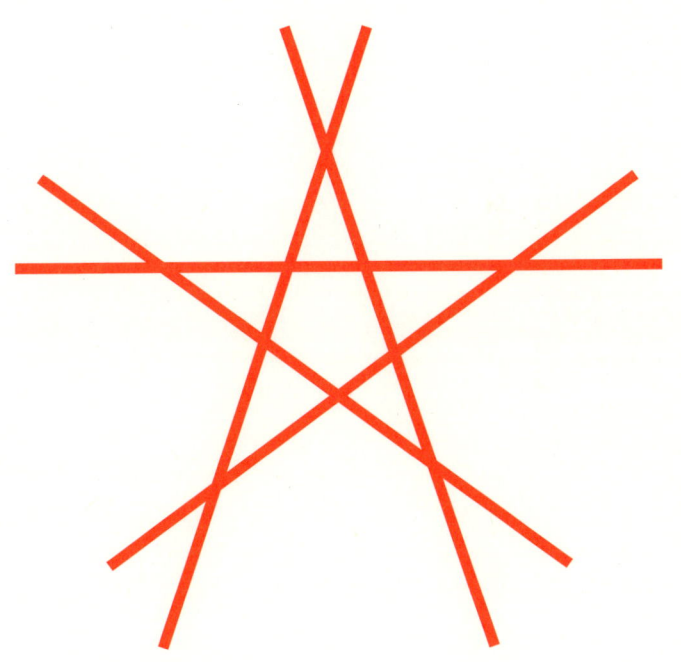

# 서문

아리 비예가스, '폼보' 준장[4]

---

체가 콩고 투쟁에서 정점을 찍은 다음 프라하에 머무는 동안 시대에 맞게 보완했던 《게릴라전》 개정판, 그 서문을 간단하게 써달라는 요청을 체 게바라 연구 센터로부터 받았다. 나로서는 엄청난 작업에 참여할 수 있는 기회가 아닐 수 없었다.

지행일치에 기초한 다학문적인 개념이 돋보이는 체 게바라 이론의 창조력은 전 세계 진보 인사들에게는—특히 젊은이들에게는—하나의 지침이자 패러다임이라는 확고한 가치를 지닌다. "우리는 체와 같은 사람이 되겠다"라는 모토로 선봉에 선 쿠바 청년들의 소망 역시 정의를 구현하고 싶다는 뜨거운 열망을 가진 전 세계 사람들에게 여전히 유효하다.

---

4 아리 비예가스(Harry Villegas)는 체 게바라가 이끌었던 게릴라 부대의 조직원으로, 전투원으로 활동할 당시 '폼보(Pombo)'라고 불렸으며 혁명 성공 이후에도 이 이름을 사용했다.

체의 창의적인 활동으로 인해 다채로운 성격을 띠는 이 책《게릴라전》에는 부당하게 빼앗긴 권력을 되찾기 위한 투쟁에서 체득한 전략과 전술, 각각의 봉기 단계에 부합하는 군사 사상이 종합적으로 정리되어 있을 뿐만 아니라, 쿠바에서의 인민 전쟁이 지닌 이론과 실천에 대한 경험들이 담겨있다. 또한 논란의 여지가 없는 지도자이자 선봉자인 피델 카스트로와 라울 카스트로, 후안 알메이다, 카밀로 시엔푸에고스, 에르네스토 체 게바라 등이 전투 실전에서 이루어낸 성과물을 객관적으로 분석하고 일반화함으로써 미래에 이러한 투쟁 방법을 채택할 사람들에게 반드시 필요한 이론적 의미를 전달하고자 했다.

전 세계 다양한 지역에서 혁명전쟁을 분석한 수많은 연구자에게 이《게릴라전》은 이 주제를 가장 체계적으로 다룬 작품 중 하나이다.

초판이 출판되자 미국의 군사 분석가들은 이러한 강점을 놓치지 않고 활용했다. 그들은 반군들과 맞서 싸우기 위해, 다시 말해 쿠바 혁명의 승리 이후 라틴아메리카에서 준비 중인 혁명운동, 특히 유행처럼 번지는 게릴라전에 맞서 군사적으로 대응하기 위해 육성 중인 그린베레[5]의 연구 및 준비 교재로 이 책을 채택했다.

분명한 것은, 제국주의 국가의 싱크 탱크가 쿠바에서 이런 현상이 일어난 원인을 분석하면서, 새로운 사회개혁 과정에서 발생할 변화를 둘러싸고 혁명 지도자들이 제안한 전략 노선과 마찬가지로 체의《게릴라전》이 담고 있는 생각의 타당성을 무시하지 않았

---

5 1950년대 이후 세계 각지에서 일어난 게릴라들의 저강도 분쟁에 대응하기 위해 1952년 창설된 미 육군 특수부대. 녹색 베레모를 쓴 데서 별칭이 붙여졌다.

다는 것이다.

이러한 군사적 판단은 우리의 적인 제국주의자들의 입장에서 해결책을 찾기 위한 하나의 시도인 것이다. 즉 일차적으로는 억압을 목적으로, 이차적으로는 쿠바에서와 같은 현상이 지역 내에서 반복되는 것을 막고, 이를 예외적이고 특이한 것으로 인식시키기 위한 것이다. 이런 움직임은 1961년 소위 '진보를 위한 동맹(Alliance for Progress)'[6]에서 일어났던 일과 동일 선상에 있다. 1959년 쿠바 혁명이 성공한 이후 만들어진 이러한 메커니즘은 지금도 여전히, 예속과 착취라는 의도를 담고 있는 미주자유무역지대(ALCA)[7]와 같은 새로운 조약이 체결되는 현실 속에서 계속 유지되고 있다.

이러한 상황은 왜 체가 혁명 이론과 실천에 비추어 쿠바의 경험을 분석한 대응 방법을 다듬으려 했는지, 이를 다른 민족 다른 나라에 적용할 수 있게 만드는 것을 절체절명의 도전 과제로 삼았는지를 잘 설명하고 있다. 무장항쟁으로 라틴아메리카의 정치 권력을 장악하기 위해 《게릴라전》에서 공을 들여 정제한 방법, 지침, 형식의 필요성이 바로 여기에 있는 것이다.

교범의 기저 내용은, 지역 내에 만연한 지배계급의 착취라는 조건과 이로 인한 사회적인 결과, 즉 아메리카 대륙에서 살아가는 거의 모든 사람에게 해당하는 문맹, 건강권의 상실, 실업과 절대빈곤을 야기하는 조건을 기초로 하고 있다. 이는 과두제에 기초한 권력

---

[6] 라틴아메리카 국가들의 좌경화 현상을 막기 위해 미국 주도하에 만들어진 경제 협력 계획. [7] 1994년 12월, 쿠바를 제외한 아메리카 대륙 34개국 정상들이 연합하여 아메리카 지역의 경제를 단일 자유무역 체제로 통일하기 위해 만든 단체. FTAA라고도 한다.

자들이 지배하고 있는 상황의 결과라고밖엔 할 수 없다. 그들은 미국이라는 헤게모니 권력과 무조건적인 동맹을 맺고서는, 이러한 재앙과 같은 상황을 해결하기 위한 대안을 실행하지 못하도록 억압하고 있다. 정의로운 사회로 나아가는 것을 막기 위해 안간힘을 쓰고 있는 것이다.

이처럼 절망적이고 고통스러운 행보와 우격다짐의 성격을 가진 위협 앞에서, 민중에게는 폭력에 의지하는 것 외에는 대안이 없다. 그렇기 때문에 체는 게릴라전을 사용하는 것이 비록 가장 많은 희생자가 나올 수 있지만 그래도 가장 적절하고 확실한 방법이라고 생각했다.

쿠바에서의 경험 분석을 통해 체가 개념화한 대응 방법에서 주목해야 할 점은, 혁명 이론과 실천의 구체적인 결과뿐만 아니라 이러한 투쟁에 특정 방법론과 교훈을 적용하기 위해 둘의 통합을 시도—너무 중요하기에 간과할 수 없다—했다는 것, 그리고 소위 게릴라전의 '7가지 황금률'을 성공리에 달성하기 위한 방법과 실패로 이끌 수 있는 위험 등을 명확하게 정의하기 위해 노력했다는 점이다.

이론적인 의미에서 군사 사상이란—혁명 차원에서 생각한다면—개인 혹은 일군의 사람이 지닌 전쟁 수행에 대한 개념, 견해, 원칙으로 정의할 수 있다. 일반적으로 이러한 경험은 이를 책으로 재생산하려고 했던 체와 마찬가지로 대부분 글을 통해 전수되고 있는데, 예를 들면 이미 고전이 된 《혁명전쟁 회고록(쿠바편, 콩고편)》과 같은 책과 게릴라전의 방법에 대한 소고들, 그리고 지금 내가 서문을 쓰고 있는 《게릴라전》과 같은 방법론이자 교범 등을 들 수 있다.

또 다른 형태가 있다면 실제 활동, 전투, 작전 및 전쟁 수행 등에서 기인한 경험에서 출발하여 전해지는 것을 들 수 있다. 구체적으로 쿠바의 경우 가장 중요한 모범 사례이자 최고의 탁월함을 보여준 예는 피델이다.

초판이 나온 지 45년이 지난 지금 많은 사람이 체가 제안한 이 방법이 현 상황에서 권력 장악을 위한 방법으로 과연 유효한가에 대해 의문을 제기하고 있다.

이에 대해 대답하자면, 마르크스주의자로서 그가 해낸 분석의 객관성, 시간·공간·형식과 관계 맺고 있는 현실에 비춘 적합성이, 정치-군사적 명제에 대해 분석하고 이를 정교하게 다듬기 위한 지침으로서 절대적으로 필요하기에, 체가 제시한 사상의 주요 노선을 다시 돌아보아야 한다고 말하고 싶다.

체의 사상을 적용하는 것이 얼마든지 가능하고, 또 성공리에 적용할 수 있다는 사실은 민중에게 꿈과 이상을 실현하기 위한 대안을 제시할 수 있는 다른 방법이 거의 없다는 데 기초하고 있다. 그렇다고 하더라도 게릴라의 역할은 민중에게 투쟁의 조건을 가속화하는 촉매제이며, 그 결과 혁명가의 역할은 제국주의가 주검이 되어 실려 가는 것을 앉아서 기다리지 않고 제국주의의 붕괴를 재촉할 수 있는 조건을 앞당기는 데 이바지하는 것이 기본 원칙이 되어야 한다는 것이 체의 생각이었다.

제국주의 국가라는 잠재적인 우리의 적을 물리치고 혁명과 이를 통해 얻은 모든 정의를 보존하기 위해, 쿠바인들에게는 여전히 혁명전쟁에 대한 강렬한 요구와 전투적인 열정이 절실하다. 이는 만민의 전쟁에 대한 우리 군사 교리에 함축되어 있다. 게릴라전만이 진정한 대중의 투쟁일 수 있는 곳에서, 각각의 시민들에게 길과 수단을 제공하기 위해 설계된 전략인 것이다.

체는 게릴라전이야말로 민중에게 절실한, 물고기를 위한 물과 같은, 즉 생존을 위한 수단과 같은 것으로 생각했다. 특히 《게릴라전》에서 강조하는 7가지 황금률은 전술 차원에서 여전히 유효할 뿐만 아니라, 창의적으로 적용할 수 있다면 언제나 승리를 보장해 줄 것으로 확신한다.

★ 이기지 못할 전투는 하지 마라.
★ 계속 움직여라. 물고 도망쳐라.
★ 무기의 주요 공급자는 적이다.
★ 은밀하게 숨어서 움직여라.
★ 기습하라.
★ 어느 정도 능력이 생기면 반드시 새로운 부대를 훈련시켜라.
★ 전쟁의 3단계 : 전략적인 방어 단계, 적과 게릴라 활동이 균형을 이루는 단계, 적의 완전한 섬멸.

요약하면, 이 모든 것은 게릴라 전술, 즉 기동성, 야행성, 유연성, 기습, 신속한 공격 및 탄약 관리와 비축, 노력과 수단의 집중 및 분산을 활용해야 달성할 수 있다.

사회주의 진영이 해체되고, 대부분의 좌파 세력이 무력해지고, 전 세계의 패권 체제가 공고화됨에 따라 적들은—특히 라틴아메리카의 경우—억압과 식민화의 방법에 변화를 줘야만 했을 것이다. 그 결과 군사 독재는 제국주의 국가의 명령을 언제나 충실히 따르는 사이비 민주주의 정부로 대체되었다. 그 가짜 정부는 우리 민중이 고통받고 있음에도 과두제 정권과 제국주의 국가가 단 한 번 해결의 의지도, 관심도 보이지 않았던 심각한 문제, 즉 저개발의 후유증과 신자유주의의 폐해를 해결하겠다는 거짓 약속만 남발하였다.

선거를 통해 집권한 진보 정부의 경우에는 소위 민주적인 개방 정책을 바탕으로 민중의 상황을 개선하기 위해 사회 프로그램을 계획했지만, 이에 대해 나온 즉각적인 반응은 이들을 테러리스트, 악의 어두운 은닉처, 혹은 여타의 이와 똑같은 성격을 가진 수식어를 뒤집어씌우는 것이었다. 그들은 국민의 편익을 위한 계획을 좌초시킬 의도로 다양한 형태와 방식의 공격을 끌어왔다. 이런 상황이라면 당연히 대립을 낳을 수밖에 없다. 이처럼 민주적인 방법을 다 소진한 특수 상황에서는 어쩔 수 없이 폭력에 의지할 수밖에 없고, 게릴라전의 근본적인 원리의 정수를 다시 받아들여야 한다는 사실을 강조하고 싶다.

《게릴라전》을 읽고 또 읽는다면, 체가 전체 혁명의 길에서 일관되게 유지했던 마르티[8]의 명령, "가능한 한 모든 정의를 쟁취해야 한다"는 명령을 다시 받아들여 그가 제시한 결론을 도출할 수 있을 것이다.

당신을 《게릴라전》으로 초대하고 싶다.

---

8 호세 마르티(José Martí, 1853-1895). 19세기 쿠바의 독립운동가, 시인, 정치가.

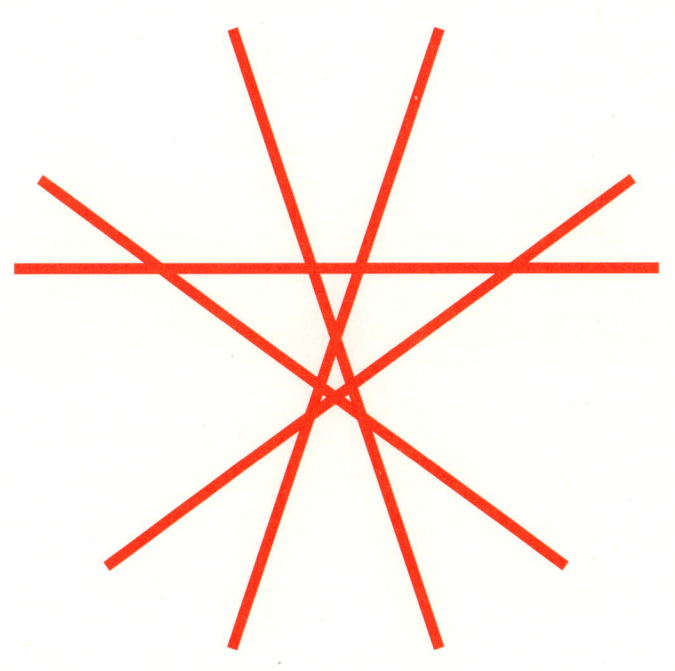

# 카밀로에게
# 바치는
# 헌사

에르네스토 체 게바라

---

나는 이 책의 출판을 카밀로 시엔푸에고스에게 허락받고 싶다. 그는 직접 이 책을 읽고 교정해야 했지만, 운명이 이를 가로막았다.[9] 이 헌사와 뒤에 있는 본문 모두는 우리 혁명군이 위대한 대장에게, 우리 혁명에 승리를 안겨준 위대한 게릴라 대장에게, 흠결이 없는 혁명 전사에게, 그리고 형제와도 같은 친구에게 바치는 존경의 표시인 셈이다.

    카밀로는 수백 번도 넘는 전투에 함께 참여했던 동료였다. 전쟁 과정에서 가장 어려웠던 시기에도 피델이 가장 신뢰하는 친구였고,

---

9 카밀로는 1959년 10월 28일 카마구에이(Camagüey)에서 아바나로 가는 비행기에 탑승했다가 플로리다 해협 상공에서 실종되었다.

언제나 희생정신을 바탕으로 온화한 성품의 사람이 되기 위해, 부대의 기강을 바로 세우기 위해 노력했던 헌신적인 투사였다.

만일 그가 우리의 경험을 집대성한 이 교범을 봤다면 당연히 동의했을 거라고 믿는다. 우리의 경험은 게릴라 생활에서 얻은 결과물이기 때문이다. 카밀로는 여기 이 글의 뼈대에 특유의 활력과 지혜 그리고 대담함이라는 본질적인 생명력을 덧대준다. 그런 모습을 보일 수 있는 사람은 역사 속 인물 중 몇 사람 되지 않을 것이다.

카밀로는 천재성에서 비롯된 추진력을 통해 엄청난 위업을 세우기도 했지만, 보통 사람들과 동떨어진 그런 영웅으로 봐서는 안 된다. 엄혹한 주변 상황의 영향을 받으며 투쟁을 통해 걸러진 여타의 영웅, 순교자, 지도자 들과 마찬가지로 그들을 키워낸 민중의 한 조각이었다.

당통[10]이 혁명운동에서 가장 필요하다고 생각했던 "과감하게, 더 과감하게, 언제나 과감하게"라는 경구를 카밀로가 알고 있었는지는 잘 모르겠다. 하지만 그는 "과감하게"를 실천에 옮겼을 뿐만 아니라, 게릴라 전사들에게는 또 다른 양념까지도 안겨주었다. 각 상황에 대한 정확하면서도 빠른 분석, 미래에 해결해야 할 문제에 대한 누구보다 앞선 성찰을 우리에게 안겨주었다.

우리 영웅에게 바치는 개인적인 헌사이자 전 민중의 헌사인 이 글에서 그가 살아온 행적이나 일화를 언급할 생각은 없다. 카밀로

---

10 조르주 자크 당통(Georges Jacques Danton, 1759-1794). 프랑스 혁명을 주도했던 혁명가이자 정치가.

는 수없이 많은 일화를 낳은 주인공으로, 발걸음을 옮길 때마다 자연스럽게 수많은 일화가 생겨났다. 그는 민중에 대한 끝없는 경의에 자신의 자유분방한 성격과 개성을 더해 하나로 묶었다. 그의 독특한 개성은 때로는 사람들의 뇌리에서 잊혀져 알려지지 않은 것도 있지만, 카밀로와 연결된 모든 것에 카밀로의 것이라는 도장을 확실하게 찍어주기도 했다.

자신의 모든 활동에 독특하고 가치 있는 족적을 남길 수 있는 사람은 몇 되지 않는다. 피델은 이런 이야기를 한 적이 있다. "카밀로는 책에서 얻은 교양은 별로 없었지만, 천부적으로 민중의 지혜를 담아냈다. 그래서인지 민중은 그의 과감함, 단호함, 지혜와 헌신 등을 알아봤고, 수천 명의 사람 중에서 카밀로를 선발해 아주 특별한 자리에 추대했다."

카밀로는 충성을 신앙처럼 받들었다. 무엇보다 충성에 헌신한 사람이었다. 민중의 의지를 대표하는 피델에 대한 개인적인 충성뿐만 아니라, 민중에게도 언제나 충성을 다했다. 민중과 피델은 언제나 함께 나아갔으며, 그래서인지 불굴의 게릴라 전사였던 카밀로의 헌신적인 행동도 언제나 함께 나아갔다.

그런데 누가 그를 죽였을까?

이런 식으로 묻는 것이 나을 수도 있다. 누가 그의 육신을 파괴했을까? 그와 같은 사람의 삶은 민중의 가슴속에 오랫동안 살아남아 있으며, 민중이 명하지 않는다면 절대 생명이 끝나지 않는다.

그를 죽인 것은 적군이다. 그들은 카밀로의 죽음을 간절히 원했기에, 그를 죽였다. 안전한 비행기가 없어서 그는 죽었다. 조종사가 되려면 필요한 조종 경험을 가지지 못해 그는 죽었다. 일에 지친 카밀로는 한 시간이라도 빨리 아바나에 돌아오고 싶어 너무 서두르다 죽었다······. 그의 성격이 그를 죽였다. 카밀로는 절대로 위험을 재지 않았다. 카밀로는 위험을 노리개 삼아 투우하듯 재미있게 가지고 놀았다. 위험을 끌어당겨 이리저리 흔들어댔다. 게릴라 전사의 투철한 의식을 가졌던 그는 구름 따위 때문에 계획을 늦출 수도, 비틀 수도 없다고 생각했다.

쿠바의 전 민중이 이제 막 그를 알게 되었는데, 그를 존경하고 좋아하게 되었는데, 그는 그만 세상을 떴다. 물론 훨씬 전부터 그는 사랑과 존경을 받을 수 있었다. 그의 인생사는 진솔한 게릴라 대장으로서의 그것이었다. 피델은 앞으로 더 많은 카밀로가 나올 것이라고 이야기했다. 나는 여기에 한마디 더 덧붙이고 싶다. 카밀로는 분명히 존재했었으며, 앞으로도 자기 삶을 바칠 준비가 된 수없이 많은 카밀로들이 나와 카밀로 스스로 닫아버린 이 시대를 완성한 다음 역사의 한 장에 들어갈 것이라고.

카밀로와 또 다른 카밀로들(아직은 오지 않았지만, 앞으로 반드시 등장할)은 인민의 군대[11] 지침이자, 이상을 수호하기 위한 전쟁에서 국가가 만들어낼 수 있는 가장 지고지순한 표본인 셈이다. 그들은 가장 고귀한 목표 성취의 장에서 신념을 가지고 함께 싸워나갈 것이다.

하지만 카밀로를 하나의 모델로 틀에 맞추기 위해 규격화된 상

---

[11] '인민의 군대(the forces of the people)'는 이하 '인민군'으로 옮긴다.

자에 넣진 않을 것이다. 절대로 그를 죽이는 일은 하지 않을 것이다. 그냥 평범한 글 속에 놔둘 것이다. 완벽하게 정의할 수 없는 그의 사회·경제적인 이데올로기를 값비싼 보석으로 치장하는 일은 절대 없을 것이다. 우리의 해방전쟁에선 카밀로와 같은 전사는 단 한 명도 없었다는 사실만 다시 한 번 강조할 것이다. 완벽한 혁명 전사, 민중의 아들, 우리 쿠바가 만들어낸 혁명의 장인. 그는 단 한 점의 피곤함도, 단 한 점의 환멸도 수용하지 않았다. 이런저런 '카밀로만의 일'을 했던 게릴라 전사였던 카밀로는 절대로 잊어서는, 단 하루도 잊어서는 안 될 영원한 존재이며, 쿠바 혁명에 영원히 지워지지 않을 소중한 이정표를 만든 사람으로, 아직 출현하지 않은 수많은 카밀로 속에, 앞으로 태어날 카밀로 속에 영원히 남아 있을 사람이다.

그는 새롭게 태어날 카밀로 안에서 영원히 죽지 않고 살아갈 것이다. 다시 한 번 말하지만, 카밀로는 우리 민중의 화신이다.

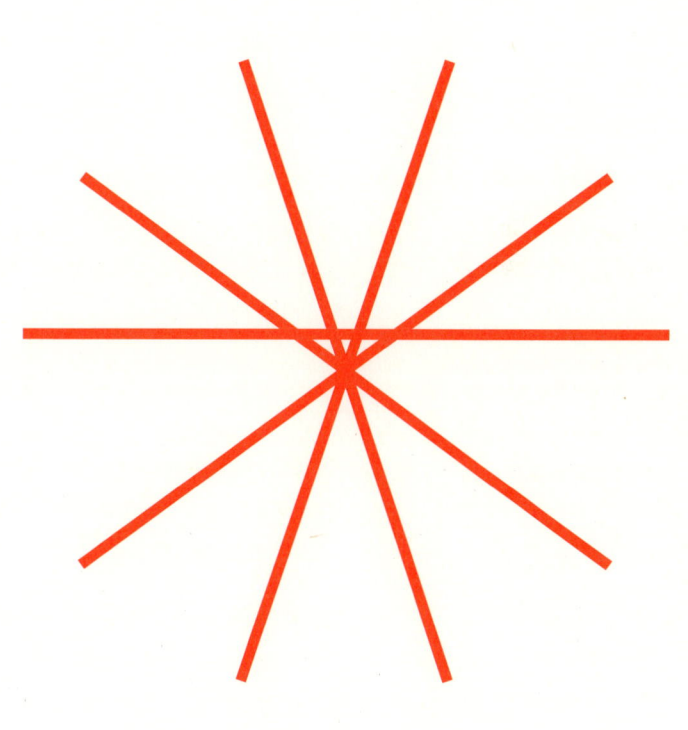

## 차례

005  편집 노트

010  서문 — 아리 비예가스, '폼보' 준장

018  카밀로에게 바치는 헌사 — 에르네스토 체 게바라

187  후기
쿠바의 현 상황 분석, 쿠바의 현재와 미래

213  영어판 서문
체 게바라 정신 — I. F. 스톤

## 1장 — 게릴라 투쟁 총론

① 게릴라 투쟁의 본질 ........ 030
② 게릴라전의 전략 ........ 040
③ 게릴라전의 전술 ........ 046
④ 유리한 지형에서의 전투 ........ 055
⑤ 불리한 지형에서의 전투 ........ 061
⑥ 도시 게릴라 ........ 068

## 2장 — 게릴라

① 사회 개혁가로서의 게릴라 대원 ........ 074
② 전사로서의 게릴라 대원 ........ 077
③ 게릴라 부대의 조직 ........ 095
④ 전투 ........ 107
⑤ 게릴라전의 개시, 전개, 종료 ........ 124

## 3장 — 게릴라 전선 조직

① 보급 ........ 130
② 민간 조직 ........ 136
③ 여성의 역할 ........ 144
④ 공중보건 ........ 147
⑤ 사보타주 ........ 153
⑥ 전시 산업 ........ 157
⑦ 선전 ........ 160
⑧ 정보 ........ 163
⑨ 훈련과 사상교육 ........ 165
⑩ 혁명운동을 이끌 군 조직 구조 ........ 170

## 4장 — 부록

① 초기 게릴라의 비밀 조직 ........ 176
② 쟁취한 정권의 수호를 위하여 ........ 181

**1장 — 게릴라 투쟁 총론**
2장 — 게릴라
3장 — 게릴라 전선 조직
4장 — 부록

# ① 게릴라 투쟁의 본질

바티스타 독재 정권에 맞선 쿠바 민중의 무장항쟁이 거둔 승리는, 전 세계 언론이 묘사한 바와 같이 영웅적인 위업이었을 뿐만 아니라 라틴아메리카 민중에 대한 낡은 도그마를 바꿀 수 있게 해준 쾌거였다. 쿠바 혁명은 탄압을 자행하는 독재 정부로부터 게릴라전을 통해 스스로 해방될 수 있다는 민중의 능력을 여실히 보여주었다.

우리는 쿠바 혁명이 중남미 혁명운동 기구에 다음과 같은 세 가지 절실한 교훈을 주었다고 생각한다.

1) 민중의 군대도 정부군과의 전쟁에서 승리할 수 있다.
2) 혁명에 필요한 모든 조건이 갖춰질 때까지 기다릴 필요가 없다. 봉기를 일으킨 요원들은, 그들에게 주어진 <u>객관적인 조건의 토대 위에 주관적인 조건을 만들어나갈 수 있다.</u>
3) 저발전 상태인 아메리카 대륙에서는, 농촌이 무장항쟁의 무대가 되어야 한다.

쿠바 혁명이 이바지한 세 가지 교훈 중에서 첫 번째와 두 번째 교훈은, 정규군에 맞서서는 할 수 있는 것이 아무것도 없다는 핑계로 지하로 숨어버리거나 꼼짝도 하지 않는 사이비 혁명가들의 지나치게 패배주의적인 태도에 맞서는 것이다. 다시 말해 혁명에 필요한 주·객관적인 조건을 될 수 있는 한 빨리 만들어내려는 노력은 하지 않으면서, 이런 조건이 하늘로부터 떨어지기만을 기계적으로 앉아 기다리는 사람들과 맞서 싸워야 한다는 것이다. 이 두 가지는 오늘날 전 세계 어디에서나 자명한 진리이지만, 당시 쿠바에서 논란이 되었던 것처럼 오늘날까지도 중남미에선 여전히 논란거리가 되고 있다.

물론 혁명을 위한 조건을 거론할 때, 게릴라 활동의 중심축을 구성하고 있는 핵심 요원들이 강한 추진력만 발휘하면 모든 조건이 저절로 만들어질 거라고는 생각할 수 없다. 먼저 중심축을 만들고 이를 공고히 하는 데 필요한 최소한의 조건은 언제나 존재한다는 점을 고려해야 한다. 또한, 시민들이 끊임없이 다툰다면, 사회적인 요구 사항이 커져 투쟁을 계속한다는 것 자체가 불가능하다는 것을 민중에게 분명히 보여줄 필요가 있다. 압제자가 기존에 만들었던 법과 권리를 압제자 스스로 무시하는데도 권력을 유지할 수 있다면, 사실상 평화는 이미 파괴되었을 것이다.[12]

이러한 상황에서 인민 대중은 점점 더 불만을 능동적으로 분출하려 들 것이다. 그리고 최종적으로 어떤 시점이 오면, 예컨대 투쟁의 싹이 움트는 순간이 오면 맑고 투명한 저항의 국면에 들어서게 된다.

부정적인 방법을 썼더라도 일단 시민이 참여한 투표를 통해 정부가 권력을 잡았고 최소한의 외적인 정당성을 법의 테두리 안에

---

12 **"좀 더 부연 상술할 것."(붉은색)** —체 게바라가 이 부분에서 붉은색으로 "좀 더 부연 상술할 것"이라고 교정 사항을 적어두었다는 뜻이다. 체 게바라가 교정한 부분은 위와 같은 방식으로 표기하는 것을 원칙으로 하되, 설명이 필요한 부분은 설명으로 표기했다.

1장 — 게릴라 투쟁 총론
2장 — 게릴라
3장 — 게릴라 전선 조직
4장 — 부록

서 유지하는 경우에는, 시민운동의 가능성이 완전히 소진되지 않았기에 게릴라 투쟁의 싹이 움트기가 매우 어려울 것이다.

쿠바 혁명이 이바지한 세 번째 교훈은 기본적으로 전략적 성격을 띠고 있다. 특히 저개발 상태에 놓인 라틴아메리카에서는 '농촌 사람들이 폭넓게 참여할 것이라는 생각을 깨끗이 버리고 대중들의 투쟁을 도시로 집중시켜야 한다'는 교조적인 원칙에만 빠져 있는 사람들의 관심을 돌려야 한다. 잘 조직된 노동자들의 투쟁을 간과해서는 안 되지만, 그들이 무장항쟁에 참여할 현실적인 가능성은 조심스럽게 따져봐야 한다. 일이 진행되어감에 따라 우리가 원하는 조직 구성을 존중하겠다는 약속은 일반적으로 무시되거나 후 순위로 밀리기 일쑤인데, 이런 상황에서 비무장 노동 운동은 불법으로 몰릴 위험이 있으므로 지하로 스며들 수밖에 없다. 그러나 주민들이 무장 게릴라의 지원을 쉽게 받을 수 있고 압제자의 무력이 쉽게 도달할 수 없는 곳, 예컨대 모든 것이 열려있는 농촌에서는 상황이 그리 어렵지 않다.

우리는 훗날 이에 대해 좀 더 세심한 분석을 할 수 있을 것이다. 그렇지만 우선 지금은 쿠바 혁명의 경험이 전해준 이 세 가지 결론을 이 책 앞머리에 놓고, 우리가 라틴아메리카 혁명운동에 가장 이바지한 점으로 다시 한 번 강조하고 싶다.

자신을 구원하기 위한 민중 항쟁의 토대이자 출발점인 게릴라전은 언제나 해방에 대한 본원적인 의지에 기초하긴 하지만, 다양한 성격과 서로 다른 측면이 존재한다는 사실 역시 무시할 수 없다. 전쟁은 결국 과학적일 수밖에 없는 일련의 원칙[13]—이 주제를 다루고 있는 전문가들은 엄청나게 많은 이야기를 남겼다—을 따른다는 점 또한 명백한 사실이고, 따라서 이를 무시하는 사람은 패할 수밖에 없다. 게릴라전 역시 전쟁의 한 유형이기에, 전쟁을 끌고 나가기 위해서는 당연히 지켜야 할 필수 원칙이 있다. 또한 게릴라전만의 특성이 있어서 게릴라전을 효과적으로 수행하기 위해서는 반드시 부가적인 원칙[14]을 지켜야 한다. 각 나라의 지리, 사회적인 조건에 따라 어떤 방법과 형식을 취할지 최종적으로 결정해야 하지만, 어떤 식의 투쟁을 하든 근본 원칙은 언제나 유효하다.

이처럼 게릴라 형식을 띤 투쟁의 기본을 찾아내는 것, 해방을 갈구하는 민중이 따라야 할 규범을 찾아내는 것, 결과를 이론화하여 다른 사람들이 이용할 수 있게 우리 경험을 구조화하고 보편화하는 것이 지금 이 순간 우리의 당면 과제이다.

가장 먼저 설정해야 하는 것은 게릴라전에서 전사는 어떤 사람인가이다. 핵심 압제자들과 그들의 수하, 좋은 무장을 갖추고 잘 훈련된 데다가 많은 경우 외국의 지원까지도 받을 수 있는 직업 군인들과 소수의 핵심 관료계급, 그리고 이들에게 봉사하는 충복들이 같은 편에 위치한다면, 다른 한 편에는 혁명을 일으켜야 하는 국가나 지역에서 살아가고 있는 주민이 있다. 그러므로 게릴라 투쟁은 대중의 투쟁이자 민중의 투쟁이라는 점을 강조하는 것

---

13 "원칙"을 녹색으로 강조했다.  14 "원칙"을 녹색으로 강조하고 여백에 같은 색으로 "원칙에 관한 부분을 보라"라고 적어두었다.

---

1장 — 게릴라 투쟁 총론
2장 — 게릴라
3장 — 게릴라 전선 조직
4장 — 부록

이 매우 중요하다. 무장한 핵심 요원으로서의 게릴라는 민중의 전위에 선 전사인 셈이며, 그들의 위대한 노력은 대중에 뿌리내려야 한다. 게릴라는 비록 화력에서 열세이지만 병력으로는 열세가 아니다. 수많은 주민을 곁에 두고 있으면서 압제자로부터 주민들을 지켜낼 무기는 별로 없을 때, 이때엔 게릴라전에 호소하는 것이 옳다.[15]

이 경우 게릴라는 해당 지역 주민의 도움이 필요하며, 이는 절대적이다. 특정 지역에서 작전을 수행하는 산적을 생각해 보면 명확하게 알 수 있다. 그들 역시 게릴라의 특징을 많이 가지고 있다. 동질성, 대장에 대한 존경, 용기, 지형지물에 대한 지식, 다양한 상황에서 수행해야 할 전술에 대한 완벽한 이해까지도 똑같이 가지고 있다. 하지만 민중의 도움을 받을 수는 없다. 그러므로 소규모 도적 무리는 경찰력만으로도 필연적으로 체포되거나 몰살당할 수밖에 없다.[16]

투쟁 방법으로서의 게릴라 작전 양상을 분석하고 투쟁의 토대가 대중에 있음을 이해했다면, 이제 우리에겐 다음과 같은 질문만 남는다. 게릴라 전사들은 왜 싸우는가? 우리는 필연적으로, 게릴라 전사는 '압제자에 대한 민중의 분노에서 비롯된 저항의 화신', '비무장 상태의 모든 형제자매를 모욕적이며 비참한 삶에 가두어놓은 사회체제를 바꾸기 위해 무기를 들고 투쟁하는 사회 개

---

[15] "잘 편집해 달라."(붉은색) [16] 이 구절에서 녹색으로 줄을 그어놓고, 같은 색으로 "뺄까?"라고 적어두었다.

혁가'라는 결론에 도달할 수 있다. 게릴라 전사는 시대가 표방하는 제도가 지닌 특수한 조건에 맞서, 상황이 허락하는 범위 내에서 전력을 기울여 이러한 제도의 틀을 부수는 데 헌신해야 한다. 게릴라전 전술을 좀 더 깊게 분석하고 나면 게릴라 전사가 당연히 지녀야 할 지식이 무엇인지 알게 된다. 당연히 두 발로 밟고 살아가야 할 지형, 진입로와 탈출로,[17] 신속한 군사작전의 가능성, 민중의 도움, 은신처와 관련하여 완벽한 지식을 갖추어야 하는 것이다. 이는 게릴라들의 작전이 주로 풀과 나무가 우거진 거칠고 인적이 드문 곳에서 벌어진다는 것과 권리를 되찾기 위한 민중의 투쟁은 주로 이런 곳에서 먼저 일어난다는 것을 의미한다. 특히 토지 소유에 따라 사회 구조가 변화하는 국면에 들어선다면 게릴라는 그 누구보다도 농민을 위한 혁명가가 되어야 한다. 농민들의 생산수단이자 그들의 삶을 구성하고 있는, 한 걸음 더 나아가 죽음까지도 구성하고 있는 토지와 가축을 소유하고 싶다는 대다수 농민의 욕망을 이해해야 한다.

게릴라전의 해석과 관련하여 작금의 흐름을 보면 두 가지 유형이 가능하다는 설이 정립되어 있다. 하나는 소련의 우크라이나 게릴라에서 볼 수 있는, 예컨대 대규모 정규군의 투쟁에 딸린 보조 형태의 투쟁인데, 이에 대해서는 별로 분석하고 싶은 생각이 없다. 우리가 관심이 있는 것은, 제도화된 권력에 대한 투쟁을 통해

---

[17] 접근이 어려운 좁은 길이나 도로로, 대부분 게릴라들이 직접 구축한다. —스페인어판 주석

---

**1장 — 게릴라 투쟁 총론**
2장 — 게릴라
3장 — 게릴라 전선 조직
4장 — 부록

점진적으로 발전해 나가는 소규모 무장 그룹이다. 제도화된 권력이 식민지적인 성격을 가졌는지는 중요하지 않다. 우리의 목적은 농촌 환경이 유일한 삶의 토대로 정립되어 끊임없이 앞을 향해 성장하는 것이다. 투쟁을 부추기는 이데올로기의 구조가 어떻든 간에, 경제적인 측면에서의 토대는 토지 소유에 대한 열망에서 비롯된다.

중국의 마오쩌둥은 철저하게 파괴되어 괴멸 직전까지 몰렸던 남부 지방 노동자 그룹 사이에서 등장했다. 그러나 마오쩌둥은 옌안 대장정 이후, 농촌에 자리를 잡고 농촌 개혁을 토대로 세력을 회복했을 때 비로소 확고한 토대를 닦을 수 있었고 북쪽을 향해 진격도 시작할 수 있었다. 인도차이나에서 일어난 호찌민의 투쟁 역시 프랑스 식민주의자들에게 억압당하고 있던, 벼농사를 주로 짓던 농민에 기초하고 있다. 여기에서 힘을 키워 결국 식민주의자들을 몰아낼 수 있었다.[18] 두 경우 모두 국난 극복을 위한 전쟁이라는 측면에선 침략자인 일본에 대항하고 있다는 공통점이 있지만, 그렇다고 토지를 둘러싼 투쟁이라는 경제적인 토대는 절대로 간과할 수 없다. 알제리의 경우 '아랍 민족주의'라는 위대한 사상은 알제리 내에서 경작 가능한 모든 토지 이용권에 대한 경제적인 응답을 담고 있는데, 이는 프랑스인 농장에서 일하는 백만 소작인들의 욕망이라고 할 수 있다. 또한 푸에르토리코처럼 섬이라는

---

18 바로 앞 문단의 마지막 문장 "투쟁을 부추기는…"부터 여기까지 붉은색의 세로줄로 표시하고, 앞부분에는 "교정", 뒷부분에는 "부연과 문장 다듬기"라고 적어두었다.

특수한 조건으로 인해 게릴라의 싹이 돋아나는 것조차 허용되지 않았던 몇몇 나라도 있다. 이들 국가에서는 매일매일 자행되는 차별로 가슴 깊숙이 상처를 입은 민족주의 정신이 성장하였는데, 그 토대는 양키들에게 수탈당한 토지에 대한 농민(많은 경우 무산 계급으로 전락한 농민)들의 열망이었다. 비록 서로 다른 분출 과정을 밟아나가긴 했지만, 모든 나라를 관통하는 똑같은 사상이 30년에 걸친 쿠바 해방전쟁 기간에도 토지소유권을 지키기 위해 서로 연대하여 똘똘 뭉친 소규모 농장주와 농민 그리고 쿠바 동부 지방에 위치한 농장 소속의 노예들에게도 힘을 불어넣어 주었다.

게릴라전을 전쟁의 한 형태로 바꿔놓은 게릴라전만의 특성에도 불구하고, 전쟁을 수행하는 핵심 세력이 지닌 잠재력이 발휘되어 그 수준이 향상되면 전통적인 전쟁으로 변화할 수도 있다. 이러한 게릴라전의 발전 가능성을 고려한다면 게릴라전은 그 자체가 하나의 싹이자 프로젝트라고 할 수 있다. 게릴라전이 커질 가능성, 즉 전투 방식이 재래식 전쟁으로까지 바뀔 가능성은, 스스로를 해방시키기 위해서 반드시 치러야 할 크고 작은 전투에서 적을 무너뜨릴 가능성이 어느 정도인가와 연결되어 있다. 따라서 가장 기본적인 원칙은 이길 수 없는 충돌, 이길 수 없는 전투나 국지전은 절대로 시작하지 말아야 한다는 것이다. 게릴라에 대한 별로 마음엔 들지 않는 정의가 있는데, 예컨대 이런 식이다. "게릴라 전사는 전쟁에 뛰어든 예수회 수사다." 그렇지만 여기엔 게릴라들의 치밀한 계획성과 기습성, 야음을 이용하는 성격 등이 잘 드러날 뿐만 아니라, 이런 특성은 분명 게릴라 투쟁에서 가장 본질적인 요소이다. 게릴라 전술은 어찌 보면 조금은 음험한 성격을 가진 예수회주의 같다고 할 수 있는데, 이는 '전쟁은 이렇게 해야 한다'고 배웠던 그런 낭만적이고 정정당당한 모습과는 전혀 다른 결단을 내릴 수밖에 없는 상황에서 비롯된 것이다.[19]

전쟁은 언제나 상대방을 철저하게 파괴할 목적으로 양측이 치열하게 맞서 싸우는 전투다. 상대의 괴멸이라는 결과를 얻기 위해서는, 무력 외에도 여러 가지 속임수와 가능한 모든 계략을 사용해야 한다. 군사 전략과 전술은 지금 상대를 분석하고 있는 집단이 지닌 열망의 표현이자, 이러한 열망을 실현하려는 방법의 표현이다. 그리고 여기에서 말하는 방법은 일단 적이 가지고 있는 모든 약점을 잘 살펴 이용해야 한다는 것이다. 진지전에서는 적군의 가장 핵심 부대 분대원들의 움직임을 꼼꼼히 따지면서, 개인별 전투가 일어났을 때 게릴라전에서 나타날 수 있는 성격과 똑같은 것이 무엇이 있는지 살펴봐야 한다. 이를테면 치밀한 계획, 야간 작전, 기습 등이 있는데 이를 실행하지 못하면 전면을 지키는 사람이 무방비 상태에 있을 때를 포착할 수 없기 때문이다. 그러나 일반적으로 게릴라 대원들은 서로 따로따로 흩어져 작전을 펴기 때문에 적이 제대로 통제하지 못하는 개활지를 이용하여 기습하면 이런 임무를 쉽게 달성할 수 있다. 다시 말해서 이런 식으로 전투를 하는 것이야말로 게릴라의 의무이다.[20]

---

19 밑줄 친 부분을 녹색으로 표시하고 "문장을 다듬어 볼 것"이라고 적어두었다. 20 "이 문제의 이유를 서문에서 한번 고려해 보자."(파란색)

어떤 사람들은 '얼른 물어뜯고 빨리 후퇴하는' 전술을 경멸한다. 하지만 이런 식의 작전이 바람직하다. 한 대 치고 얼른 후퇴하여 기다리면서 망을 보다가, 다시 치고 빠지기를 반복하면 적에게 휴식의 틈을 주지 않을 수 있다. 여기에선 언뜻 보기에 부정적으로 보일 수 있는 부분이 있다. 후퇴한다는 점, 그리고 정면으로 맞서 전투를 하지 않는다는 점이다. 그러나 이 모든 것은 게릴라전의 가장 원론적인 전술과 일치한다. 전투 하나하나의 목표는 최종적인 목표와 똑같다. 다시 말해 승리를 거두고 적을 섬멸하는 것이다.

게릴라전은 그 자체로는 최종적인 승리를 거둘 기회를 가질 수 없는 전쟁의 한 과정, 즉 전쟁의 한 국면이라는 점은 분명한 사실이다. 그러나 그것은 전쟁 초기에 나타나는 국면일 뿐이다. 게릴라 부대는 지속적인 성장을 통해 정규군의 성격을 띨 때까지 발전 또 발전해 나갈 것이다. 그 정도까지 발전하면 적에게 결정적인 한 방을 먹일 수 있고, 승리를 담보할 수 있는 준비를 마친 상태가 될 것이다. 뿌리는 게릴라군이었을지언정 최종적인 승리는 정규군이 가져올 것이다.

아무튼, 현대전에서 사단장은 자기 병사 앞에서 죽어선 안 된다. 이런 점을 고려한다면, 한 사람 한 사람이 장군인 셈인 게릴라 대원들은 그 어떤 전투에서도 절대 죽으면 안 된다. 물론 자기 생명을 바칠 준비는 되어있어야 한다. 하지만 엄밀한 의미에서, 이 같은 게릴라전의 긍정적인 특징은 게릴라 전사들은 이상을 지키기 위해서뿐만 아니라 이상을 실현하기 위해 목숨을 바칠 준비가 되어있다는 점이다. 이 점이 게릴라 투쟁의 기초이자 본질이다. 게릴라전의 핵심 역할을 맡은 소수의 게릴라 전사는 언제나 도움을 제공하는 인민 대중의 위대한 핵으로써 무장한 전위이며, 당면한 작전의 목표를 넘어 멀리 내다봐야 할 뿐 아니라 최종적으로 이상을 구현하고 새로운 사회를 건설할 수 있어야 한다. 투쟁을 통해 구체제의 낡은 모형을 타파해야 하며 사회 정의를 쟁취할 수 있어야 한다.

이런 식으로 생각하면 경멸스럽게 느껴지는 전술도 진정한 위대함을, 최종적인 목적이자 결말이 지닌 위대함을 가질 수 있다. 게릴라는 목표에 도달하기 위해서 왜곡된 수단을 거론해선 안 된다는 것을 분명히 해야 한다. 투쟁, 그 어떤 순간에도 넋을 잃고 손을 놓아서는 안 되는 투쟁, 최종 목적을 위한 엄청난 문제에 맞서는 그 불굴의 의지야말로 게릴라 대원들의 위대함을 잘 말해준다.

## ② 게릴라전의 전략

전쟁 용어에서 '전략'이란 전체적인 군사 상황과 목표 달성을 위한 전반적인 방법 등을 고려하여 달성하고자 하는 목표를 분석하는 것이다.[21]

---

21 **"클라우제비츠**(Carl von Clausewitz, 1780-1831, 프로이센의 군인이자 군사학자. 나폴레옹 시대의 탁월한 전략가로, 《전쟁론》의 저자)**를 참조할 것."(붉은색)**

게릴라 관점에서 전략 차원의 정확한 평가를 하려면 기본적으로 적군이 어떤 식의 작전을 펼칠지 분석해야 한다. 그 시기가 언제든 최종 목표는 대치하고 있는 적의 무력을 완벽하게 괴멸시키는 것이라고 한다면 이런 유형의 내전, 즉 게릴라전에서 고전적인 모범 사례를 찾아볼 수 있다. 적군은 게릴라 구성원 한 사람 한 사람을 철저하게 파괴하려 들 텐데, 게릴라 전사들은 적이 이를 위해 어떤 가용 수단을 활용할 것인지 분석해야 한다. 예컨대 병력에 의지할 건지, 기동성에 의지할 건지, 인민 대중의 도움에 의지할 건지, 군비와 참모부의 능력에 의지할 것인지 먼저 분석해야 한다. 우리는 언제나 적군을 괴멸시켜야 한다는 최종 목표를 머릿속에 넣고 적군에 대한 분석을 기초로 적절한 전략을 수립해야 한다.

먼저 기본적으로 연구 분석해야 할 것이 있다. 무기를 어떤 식으로 활용할지 분석하는 것이다. 게릴라 유형의 투쟁에서는 전차와 비행기의 가치, 적군의 무기, 탄약, 관행 등을 분석해야 한다. 게릴라 부대를 유지하는 데 가장 중요한 보급과 조달은 사실상 적의 탄약에 일정 부분 의지할 수밖에 없으므로, 선택이 가능하다면 적이 사용하고 있는 것과 똑같은 무기를 골라야 한다. 다시 말해서 게릴라에게 가장 위험한 것은 탄약이 떨어지는 것인데, 이 경우 적군을 통해 탄약을 조달해야 하기 때문이다.

이에 대한 분석을 끝내고, 성취해야 할 목표를 따져보고 분석한 다음, 최종 목표 달성을 위해 나아갈 순서, 다시 말해 예상 과정을 연구 분석해야 한다. 그렇지만 이 모든 것은 항쟁 과정에서 불쑥불쑥 벌어질 수 있는 예기치 못한 상황에 맞춰 그때그때 수

정되어야 한다.

게릴라전 초기 전사들이 가장 신경 써야 하는 것은 스스로 무너지지 않도록 하는 것이다. 시간이 갈수록 게릴라 부대 구성원들은 생활환경에 적응하여 이를 일상적인 것으로 여길 것이다. 그러면 퇴각하는 것, 다시 말해 추격해 오는 적군을 따돌리는 것도 쉬워질 것이다. 새로운 생활과 새로운 환경에 적응한다는 목표를 달성하면, 적군이 접근하기 어려운 곳, 접근성이 떨어지는 곳에 진지를 구축한 다음, 적이 선뜻 공격을 생각하지 못할 정도의 군사력을 갖춰야 한다. 그리고 적을 무력화시킬 수 있는 활동에 착수해야 하는데, 게릴라전 초기에는 게릴라에 맞선 실제 전투 지점에서 가장 근접한 곳에 위치한 적을 무력화시키기 위해 노력해야 한다. 그다음엔 점진적으로 적군 진영 안쪽으로 파고들어 병참선을 공격할 수 있어야 하며, 최종적으로는 적의 작전 기지나 핵심 기지까지 공격하거나 교란시켜 적을 차근차근 무너뜨려 나가야 한다. 게릴라 부대가 지닌 능력 범위 안에서 끈질기게 적을 괴롭히며 전면적으로 공격할 수 있어야 한다.

끊임없이 계속 타격을 가해야 한다. 작전 지역 안에 있는 적군 병사가 편안하게 잠을 잘 수 있게 해서는 안 될 뿐만 아니라, 적의 전초 기지를 계속 공격해 결국은 제거해야 한다. 매 순간 적이 완벽하게 포위되었다는 느낌을 받도록 해야 한다. 숲이나 협곡에서는 종일 이런 느낌을 받게 해야 하고, 평지나 적의 정찰대가 쉽게 움직일 수 있는 곳에서는 최소한 밤에라도 이런 느낌을 받게 해야 한다. 이런 상황을 연출하기 위해선 인민의 전폭적인 협력과 지형에 대한 철저한 이해가 필요하다. 이 두 가지 조건은 게릴라 생활을 하는 동안에는 언제나 충족시켜야 한다. 따라서 현 작전 지역과 미래의 작전 지역에 관한 연구 분석을 하는 기구를 반드시 만들어야 하고, 인민에 대한 깊이 있는 연구가 이루어져야 한다. 민중에게 혁명의 동기와 목적을 알릴 수 있어야 하며, 민중의 의지에 반하는 것은 결코 승리할 수 없다는 결코 부정할 수 없는 진리의 씨앗을 뿌려야 한다. '이 진리를 깨닫지 못하는 사람은 절대로 게릴라가 될 수 없다.'

작전 초기에 인민 활동을 할 때는 비밀을 엄수해야 한다. 농민들이나 작전을 벌이고 있는 지역 사회 구성원이 보고 들은 이야기를 절대로 발설하지 못하게 해야 하고, 이에 대한 다짐을 받은 연후에 주민의 도움을 모색해야 한다. 그 과정에서 혁명에 대한 주민의 충성심이 신뢰할 만한 것인지 아닌지를 잘 알 수 있을 것이다. 그런 다음 접선, 상품이나 무기의 운송, 주민들이 잘 알고 있는 지역 안내 등의 과제를 주며 주민들을 활용할 수 있다. 여기까지 성공한다면 민간인이 할 수 있는 다양한 과업의 중심에 서서 총파업을 최종 목표로 조직적인 대중 활동을 주도할 수 있다.[22]

파업은 내전에서 아주 중요한 수단이지만, 파업에 이르기 위해서는 여러 가지 부수적인 조건이 필요하다. 그러나 이러한 부수적인 조건은 언제나 주어지는 것이 아니다. 자연적으로는 부여되지 않기 때문에 필요한 부분은 반드시 스스로 만들어나가야 한다. 필

---

22 밑줄 친 부분에 녹색 세로줄을 긋고 "베트남 상황에 맞춰 수정할 것"이라고 적어두었다.

요조건을 만들어내기 위해서는 혁명 동기에 대해 설득력 있는 설명을 하면서 민중의 힘과 그 가능성을 보여줄 수 있어야 한다.

또한 동질성을 가진 특정 그룹에 도움을 청할 수도 있다. 하지만 이들 그룹은 사보타주[23]를 일으킬 때 가장 덜 위험한 부문에서 먼저 능력을 보여주어야 한다. 사보타주는 게릴라에게는 또 하나의 가공할 만한 무기가 될 수 있는 것으로, 적군을 두려움에 몰아넣을 수도 있고 특정 지역의 산업 생태계를 무력화시킬 수도 있으며, 도시에 거주하는 주민을 공장과 전기, 수도 그리고 모든 통신 수단으로부터 떼어놓을 수 있다. 그뿐만 아니라 특정 시간 외에는 위험을 감수하지 않고는 도로를 통해 외부로 나갈 수 없게 해야 한다. 이런 정도의 상황에 이르면 적의 사기는 떨어질 수밖에 없는데, 특히 적군 부대원 개개인의 사기가 떨어지게 된다. 과일이 무르익어 수확해도 좋은 시기가 오는 것이다.

이러한 작전은 게릴라 활동을 통한 점령지 확장을 전제로 하고 있다. 그러나 지나치게 영토 확장만을 꾀해서는 안 된다. 언제나 강력한 작전 기지를 유지해야 하며, 전쟁이 계속되는 동안에는 끊임없이 보안과 통제력을 강화해야 한다. 지역 주민들의 사상교육을 위해서는 다양한 수단을 활용해야 하며, 혁명과 양립할 수 없는 적에 맞서기 위해서는 주민을 순화시킬 수 있는 수단

---

[23] 한국에서는 사보타주를 태업이나 파업 정도의 의미로 사용하는 경우가 많은데, 이 책에서는 전쟁 중 적군의 군사시설이나 통신장비를 파괴한다는 의미까지 포함하여 사용하고 있다.

을 마련해야 한다. 또한 참호, 군사용 지하 갱도, 점령지 내에서의 통신 수단 등 완벽한 방어를 위한 다양한 시스템을 완벽하게 구축해야 한다.

게릴라가 무장과 인원 측면에서 능력을 충분히 보유했다는 생각이 들면 새로운 부대 창설을 위한 훈련에 나서야 한다. 이는 벌들이 보여주는 행동과 비슷한 것으로, 어느 시점이 되면 새 여왕벌을 길러 떼어내야 하며, 이 경우 새 여왕벌은 벌떼를 거느리고 다른 곳으로 옮겨가야 한다. 그렇게 하면 벌의 모(母) 집단은 가장 탁월한 능력의 게릴라 대장과 함께 조금은 덜 위험한 곳에 머무를 수 있게 되고, 새 부대는 전진해 나아가며 앞에서 이야기한 증식을 반복함으로써 더 깊숙이 적군 지역을 파고들 것이다.

점령지가 게릴라 전 부대원을 수용하기에 너무 좁다는 생각이 들면, 예컨대 적군이 강한 방어막을 치고 기다리는 지역을 향해 진격해야 할 때가 되면 강력한 전력을 갖춘 적군에 맞서 싸울 수 있는 최대한의 군사력을 끌어모아야 한다. 이때에는 각 단위 부대들이 하나로 뭉쳐 강력한 투쟁 전선을 구축해야 한다. 이 경우 정규군끼리의 전쟁이라고 할 수 있는 진지전의 순간이 온다. 그러나 뿌리라고 할 수 있는 예전의 게릴라군과 따로 떼어 생각해서는 안 되며, 적 후방에 새로운 게릴라 부대를 만들어 그곳에서 초기 게릴라들과 똑같은 방법으로 활동할 수 있게 해야 한다. 적의 세력권 안에서 적을 완전히 무너뜨릴 때까지 파고들어야 한다.

그러면 언젠가는 공격의 순간이, 적의 요새를 포위하고 지원군까지 무너뜨리는 순간이, 전국 방방곡곡에서 인민 대중이 뜨겁게 달아울라 행동에 나서는 순간이, 그리고 전쟁의 최종 목적인 승리의 순간이 온다.

## ③ 게릴라전의 전술

군사적인 용어로 전술은 상위개념인 전략을 효과적으로 실행하기 위한 실질적인 방법이다.

전술은 전략의 부속 개념이자 세부적인 부분이라고 할 수 있다. 따라서 최종 목표보다 훨씬 더 많은 수정이 가능하고, 훨씬 더 유연해야 한다. 수단은 투쟁의 매 순간에 맞게 변형되어야 한다.[24] 다시 말해, 전쟁을 수행하는 동안 반드시 유지해야 할 전술적인 목표가 있는 반면에 순간순간 바꿀 수 있는 것도 있다. 여기에서 제일 먼저 고려해야 할 것은 게릴라 활동을 적의 작전에 연동시키는 것이다.

게릴라전의 근본적인 특징은 기동력에 있다. 게릴라 전사는 구체적인 작전 현장으로부터 상당히 멀리 떨어진 곳까지 불과 몇 분 안에 이동할 수 있어야 하며, 만약 필요하다면 몇 시간 안에 작전 지역에서 멀리 벗어날 수도 있어야 한다. 기동력은 계속해서 전선을 바꿀 수 있게 해줄 뿐만 아니라 포위망을 벗어날 수 있게 해준다. 전쟁을 하다 보면 어느 순간 게릴라들도 있는 힘을 다해 후퇴해야 할 경우도 있다. 예컨대 게릴라 부대가 정말 불리한 상황에

---

[24] 밑줄 친 부분을 붉은색으로 표시하고 "클라우제비츠를 참조하라"라고 적어두었다.

서 최종적인 전투를 떠안았을 때, 포위당한 채 전투를 해야 할 때, 갑자기 적군이 대규모의 부대를 동원하여 포위해 오는 바람에 소규모 게릴라 부대가 적에 포위되었을 때나, 소규모 게릴라 부대가 공략이 어려운 곳에 자리 잡은 채 일시적으로 미끼 노릇을 할 때, 적군을 향해 진격하고 있는 모든 부대나 보급로가 갑자기 포위되어 어떤 식으로든 전멸의 위기에 처했을 때 등을 들 수 있다. 기동력에 기초한 이런 게릴라전의 특징에 미뉴에트라는 이름을 붙였는데, 이는 미뉴에트라는 이름의 춤과 유사한 성격 때문이다. 예를 들어 게릴라 대원이 전진하고 있는 적군이나 진지를 동서남북 사방에서 완벽하게 포위했다고 치자.[25] 각각의 방위에 5명에서 6명 정도 배치했고, 역으로 포위당하지 않기 위해 조금씩 떨어뜨려 놓았다. 그런데 전투는 항상 어느 한 방향에서 시작되는 경향이 있고, 이 경우 그곳을 향해 병력이 집중된다. 그러면 게릴라 부대는 계속해서 적을 주시하면서 살짝 뒤로 물러났다가, 다시 다른 지점에서 공격을 시작한다. 적군은 앞에 이야기했던 반응을 다시 보일 것이고, 게릴라 부대 역시 같은 행동을 반복할 것이다. 이런 식으로 반복되면 적군 부대는 결과적으로 많은 분량의 탄약만 소모하면서 같은 위치를 고수할 수밖에 없고, 게릴라 부대는 그리 큰 위험 부담 없이 적군의 사기를 떨어뜨릴 수 있다.

이 같은 작전은 주로 저녁 시간에 맞춰 실행되어야 하는데, 시간이 흐를수록 더 과감한 공격성을 보이며 접근해야 한다. 밤이라는

---

25 밑줄 친 부분을 붉은색으로 표시하고 "이 문장을 수정할 것"이라고 적어두었다.

조건에서는 방어하기가 훨씬 더 어렵기 때문이다. 그래서 야간 활동은 게릴라의 또 다른 중요한 특징이다. 이는 공격하고 싶은 진지를 향해 진격할 때뿐만 아니라, 밀고의 위험이 여전히 남아있는 잘 모르는 적군 점령지에서 이동할 때도 도움이 된다. 수적으로는 열세일 수밖에 없으므로 공격할 때는 언제나 기습을 하는 것이 필요하다. 기습에는 엄청난 장점이 있어서 잘만 활용하면 게릴라는 별다른 타격을 입지 않고도 적을 굴복시킬 수 있다. 한쪽엔 백 명이 버티고 있고, 다른 쪽엔 열 명이 대치하고 있는 상황에서 전투가 일어났을 때 각각이 입는 손실은 똑같을 수가 없다. 적의 손실은 쉽게 금방 복구될 수 있으며, 이 경우 한 사람은 작전 중인 전체 병력의 1퍼센트에 해당한다. 그러나 게릴라 부대는 한 사람 한 사람이 탁월한 전문성을 가진 대원들로 구성되어 있기에, 한 사람만 타격을 입어도 복구하는 데 많은 시간이 걸린다. 한 사람이 차지하는 비중은 전체 병력의 10퍼센트에 해당한다.

게릴라 부대에서 대원이 한 명 죽었을 경우, 그가 지닌 무기와 탄약까지 함께 포기해서는 절대 안 된다. 모든 게릴라 대원은 동료가 죽었을 때 게릴라 항쟁과 연결된 소중한 자원은 반드시 회수해야 한다. 탄약과 탄약의 관리, 체계적인 탄약 소모는 게릴라전에서의 또 다른 특징이라고 할 수 있다. 사격의 형태 또한 어떤 전투에서건 정규군과 게릴라 부대가 서로 매우 다른 성격을 띨 수밖에 없다. 정규군은 집중 사격을 하는 경우가 많지만, 게릴라들은 단발 사격이나 조준 사격을 해야 한다.

이미 고인이 된 우리의 한 영웅이 어느 날 적의 진격을 막기 위해 잠깐씩 끊어가며 거의 5분에 가깝게 기총소사를 한 적이 있다. 덕분에 우리는 결국 화력을 엄청나게 손해 봐야 했지만, 적은 사격 리듬을 보고 거점이 되는 진지가 게릴라에 점령되었다고 판단했다. 이처럼 방어하고자 하는 진지의 중요성을 감안한다면, 사격을 줄이지 않아도 될 때도 있는 법이다.

게릴라 대원이라면 반드시 지녀야 할 또 다른 근본적인 특징으로는 유연성이 있다. 게릴라는 모든 상황 모든 조건에 적응하여 작전 중에 발생할 수 있는 사고를 오히려 유리한 방향으로 끌고 갈 수 있어야 한다. 고전적 방식의 전쟁이 강조하는 엄격한 원칙에 맞서, 게릴라 대원은 투쟁의 각 국면에 맞게 순간순간 적절한 전술을 만들 줄 알아야 한다. 그래야만 언제든지 적군의 의표를 찌를 수 있다.

처음에는 오로지 탄력적인 진지만 존재한다. 즉 적이 통과하기가 정말 어려운 특별한 곳으로, 적을 쉽게 견제할 수 있는 그런 곳이 있다. 적군 역시 별다른 어려움 없이 진격하다가 갑자기 단단하게 막혀 계속 진격하는 것이 불가능하다는 것을 인식하면서 깜짝깜짝 놀라는 것을 자주 볼 수 있다. 게릴라들이 지키는 진지는 지형에 관한 적확한 연구만 선행된다면 거의 난공불락 수준에 이를 수 있다. 따라서 이때는 공격해 올 적의 인원이 아니라, 방어에 필요한 게릴라군의 인원을 먼저 고려해야 한다. 대대급의 공격에 맞서 싸울 때 필요한 인원이 어느 정도인지 파악하고 이를 적절히 배치하면 언제나 성공을 거둘 수 있다. 적절한 시점을 선택하는 것과 마지막까지 지켜야 할 진지를 어디에 만들 것인가 선택하는 것이 각각의 단위 부대장들이 가장 중요하게 생각해야 할 과제이다.

게릴라 부대는 공격 방식 또한 달라야 한다. 처음에는 과감하고 극렬하게 기습하다가도, 어느 순간 갑자기 소극적이고 수동적인 방식으로 전환할 수 있어야 한다. 그러면 살아남은 적은 기습 공격을 감행한 게릴라들이 이미 자리를 떴다고 생각하여 잠시나마 마음을 가라앉힐 수 있다. 적들은 평정심을 되찾아 포위된 줄도 모르고 진지 안에서 정상적인 일상으로 되돌아간다. 게릴라 역시 혹시 올지도 모르는 적의 지원군을 기다렸다가 이때를 이용해 갑자기 다른 방향에서 똑같은 방식으로 또다시 기습 공격을 감행한다. 게릴라 부대는 갑작스러운 기습 공격을 통해 적군이 병영을 지키던 초소를 점령할 수 있고 결국 그 병영을 완전히 손에 넣을 수 있다. 여기서 가장 기본적인 것은 불시에, 속도감 있게 공격하는 것이다.

사보타주는 정말 중요하다. 혁명전쟁의 가장 효율적인 수단 중의 하나인 사보타주는 엄밀한 의미에서 테러와는 구별해야 한다. 혁명을 위해서는 수많은 소중한 생명을 바쳐야 하는데, 테러가 지닌 무차별적인 성격은 많은 경우에 아무 죄도 없는 사람들을 결과적으로 희생자로 만들 수 있어 비효율적일 수 있다. 따라서 테러는 압제자 편에 선 고위급 적군 지도자들을 죽이기 위해 사용할 때에만 의미가 있다. 다시 말해 잔인한 성격이나 극심한 탄압 등으로 악명이 높은 인간, 그런 역할을 적극적으로 수행하고 있는 인간 등을 죽일 때만 사용해야지 별로 중요하지도 않은 사람을 죽일 때 사용하는 것은 별로 추천하고 싶지 않다. 이는 오히려 사람이 죽었다는 것에 대한 반작용으로 더 심한 탄압만 불러올 수도 있기 때문이다.

테러를 어떻게 평가할 것인가를 둘러싸고는 논란의 여지가 있다. 많은 사람들은 테러로 인해 정치적인 탄압이 더 심화될 수 있고, 어느 정도는 비밀결사의 성격을 가진 인민 대중과의 은밀한 접촉뿐만 아니라 합법적인 접촉까지도 제한될 수 있다고 생각한다. 따라서 어느 순간 절실하게 필요한 활동을 해야 할 인민 연합까지도 약화시킬 수 있다는 생각도 할 수 있다. 이러한 판단은 그 자체로 정확하다고 본다. 하지만 내전 중에는 이미 정부 권력의 탄압이 너무나 강해 결과적으로 모든 형태의 합법적인 행위조차도 불가능해지는 그런 상황이 발생할 수도 있다. 따라서 군의 도움이 없는 민중의 행동은 불가능하다. 그러므로 테러와 같은 유형의 수단을 선택할 때는 매우 신중해야 하며, 혁명에 유리한 결과를 가져올 것인지 폭넓게 분석해야 한다.[26] 아무튼, 잘 통제하고 조정할 수 있다면 사보타주는 언제나 효율성이 뛰어난 무기이다. 하지만 아무런 효과 없이 몇몇 주민의 생계만 위협하는 사보타주를 사용해서는 안 된다. 다시 말해 사보타주를 통해 생산수단을 마비시켜도 전체 주민들의 일상적인 생활은 전혀 영향을 받지 않는데 괜히 일자리만 없애는 사보타주는 하면 안 된다. 음료수 공장에서 사보타주를 벌이는 것은 정말 웃기는 일이지만, 발전소에서 사보타주

---

26 "좀 더 멋지게 고쳐볼 것."(붉은색)

를 한다면 그것은 추천할 만한 작전이다. 음료수 공장의 경우 노동자 몇 명이 자리를 비운다고 경제 활동의 리듬이 바뀌지는 않는다. 하지만 발전소의 경우엔 노동자들이 자리를 뜨는 일이 발생하면 그 지역 전체의 삶이 완전히 마비될 수밖에 없기에, 사보타주는 정당화될 수 있다. 우리는 뒤에서 사보타주의 기법을 다시 한 번 다룰 것이다.

재래식 군대가 가장 선호하는 무기이자 가장 먼저 만들려고 하는 부대는 단연코 항공대일 것이다. 그러나 게릴라전 초기 단계에서 항공대는 험한 곳에 사람이 밀집해 있는 경우가 아니면 별다른 작전을 수행할 수 없다. 항공대는 아무리 잘 조직하더라도, 눈에 쉽게 띄는 방어 체계를 파괴할 때나 방어에 동원된 사람들의 밀집도가 높을 때만 효율적이다. 그런데 게릴라전에서는 이런 일이 일어나지 않는다. 즉 항공대는 평지나 몸을 숨길 수 없는 곳에서 종대로 행군하는 부대에 대해서만 효과를 볼 수 있다. 그러나 이 경우도 야간 행군을 하면 속수무책이다.

반면에 적군의 가장 큰 약점은 도로나 철도를 통한 운송이다. 실제로 1미터 간격으로 늘어서서 운송 트럭이나 열차를 지킨다는 것은 불가능한 일이다. 어떤 곳이든 폭발물을 설치할 수 있고, 차량이 통과하는 순간 매설했던 폭탄을 터트려 도로를 무용지물로 만듦과 동시에 적군과 물자를 제거할 수도 있다.

폭발물은 다양한 곳에서 획득할 수 있다. 다른 지역에서 가져올 수도 있고, 적군 폭격기가 투하한 폭탄 중 불발탄을 활용할 수도 있고, 비밀 공작소나 게릴라 점령지 안에서 제작할 수도 있다. 폭

발물을 터트리는 기술은 다양한데, 어떤 폭발물을 만들 것인지는 게릴라 부대가 처한 조건에 달려있다.[27]

우리 공작소에서는 기폭제로 사용할 수 있는 화약을 만들었을 뿐만 아니라, 지정한 시간에 폭발물을 터트리는 데 필요한 다양한 기폭 장치를 만들었다. 가장 좋은 결과를 안겨준 것은 전기를 이용한 것이었다. 그러나 가장 먼저 폭발물로 이용한 것은 독재 정권의 폭격기들이 투하한 폭탄이었다. 불발탄에 다양한 기폭제를 집어넣은 다음 여기에 줄로 방아쇠를 당기는 총을 결합해 만들었는데, 적의 차량이 지나가는 순간 총의 방아쇠를 줄로 잡아당기면 총탄이 발사되고 폭발이 일어나는 것이다.

우리는 폭발물과 관련된 최고 수준의 기술까지도 상상해 볼 수 있다. 예를 들어 현재 프랑스 식민정부에 맞서 싸우고 있는 알제리에서는 게릴라들이 멀리 떨어진 지점에서 무선 시스템을 이용한 원격 조정으로 폭발물을 터트렸다는 정보도 있다.[28]

지뢰를 터트려 적군을 살상하기 위해 길에 폭발물을 매복하는 기술은 적군의 무기나 탄약을 한꺼번에 많이 획득할 수 있다는 보상을 안겨주기도 한다. 기습당한 적군은 대응 사격 한번 제대로 하지 못하고 도망치기에 급급하다. 그러면 총탄을 거의 사용하지 않고도 탁월한 성과를 거둘 수 있다.

적을 공격할 때마다 전술도 그때그때 바꿔야 한다. 이를테면 운송 수단만 출동하지 않고, 글자 그대로 '기계화 보병 부대'가 운송

---

27 "좀 더 멋지게 고쳐볼 것."(붉은색)  28 "수정할 것."(붉은색)

수단과 함께 이동하기도 한다. 그러나 이 경우에도 지형을 잘 선택하여 적의 부대를 몇으로 쪼갠 다음, 적군들이 모두 운송 수단에 탑승할 수밖에 없게 만든다면 똑같이 멋진 성과를 얻을 수 있다.[29] 그러나 아무리 유리하고 손쉬워 보이는 상황이라도 게릴라전의 기본 원칙을 잊지 말고 철저하게 준비해야 한다. 즉 지형에 대한 완벽한 이해, 탈출로에 대한 경계와 사전 준비, 그 지점까지 오기 위해 적군이 이용할 수 있는 모든 부차적인 도로에 대한 이해와 경계, 지역 주민에 대한 이해 등이 사전에 반드시 완료되어야 한다. 특히 부상 당한 동료를 남겨둘 필요가 있을 때, 특정 지점에서 작전을 펴는데 수적인 열세를 극복해야 할 때, 운송 수단이나 예비 병력을 고려해야 할 가능성이 있을 때는, 보급과 운송, 장기간이나 일시적인 은신 등을 위해서 이 지역에 사는 주민의 지원이 절실하다.

전술 차원의 이 모든 필요조건을 충족시킬 수만 있다면 적의 병참선 급습은 상당한 수확을 안겨줄 것이다.

게릴라 전술의 기본은 지역 내 모든 사람을 잘 다루는 것이다. 물론 적을 잘 다루는 것도 정말 중요하다. 공격 시 반드시 지켜야 할 원칙은 절대로 가볍게 취급해서는 안 된다. 가볍게 볼 수 있는 요소들도 밀고나 암살에 사용될 수 있으므로 절대 가볍게 여겨서는 안 된다. 군사적 측면에서 앞으로 임무를 수행할 수 있거나 그럴 거라고 생각되는 적군 병사에게 너무 관대하게 대하는 것 역

---

29 적군들이 운송 수단을 지키면서 함께 이동할 경우, 적군들이 운송 수단에 모두 탈 수 있도록 유도한 후 운송 수단만 파괴하면 섬멸이 가능하다는 뜻이다.

시 너무 가볍게 여겨서는 안 된다. 상대적으로 괜찮은 작전 기지나 난공불락의 장소가 없다면 포로를 만들지 않는 것이 바람직한 원칙이다. 생존자들에겐 자유를 줘야 한다. 그리고 작전 중에 나온 부상자는 가능한 모든 방법을 동원하여 보살펴 줘야 한다. 민간인을 대할 때는 그 지역민의 전통과 규범을 진심으로 존중해야 한다. 압제자인 정부군보다는 게릴라 전사들이 훨씬 도덕적으로 우월하다는 것을 행동을 통해 입증해야 한다.

## ④ 유리한 지형에서의 전투

이미 앞에서 이야기했듯이, 게릴라 투쟁은 언제나 전술을 적용하기에 유리한 지형에서만 펼쳐지진 않는다. 그러나 유리한 지형에서 전투가 펼쳐졌을 경우, 예컨대 깎아지른 듯한 산이 이어진 첩첩산중이거나 가로지르기 어려운 사막이나 늪지가 있어 게릴라 부대에 접근이 어려울 때는 언제나 똑같은 기본 전술을 사용해야 하며, 게릴라전의 기본 조건에 충실해야 한다.

가장 먼저 고려해야 할 점은 적군과 맞닥뜨리는 법이다. 만일 나무가 너무 우거져 정규군에겐 불리하다는 생각에 적군이 들어올 리가 만무한 곳에 머무르고 있다면, 게릴라는 반드시 적군이 출몰할 수 있는 지역까지 나아가야 한다. 다시 말해 전투가 일어날 수 있는 곳으로 진격해야 한다.

게릴라는 반드시 자신의 생존을 확보한 다음 공격을 감행해야 한다. 싸우기 위해선 반복적으로 은신처에서 나와야 하지만, 이동은 결코 불리한 지형에서 이루어져서는 안 된다. 적이 처한 상황에 맞춰야 하지만, 그렇다고 적군이 아주 짧은 시간에 엄청난 병력을 모을 수 있는 곳으로 위치를 바꿀 필요는 없다. 유리한 곳에서 전투할 때는, 주로 야음을 틈타서 하는 게릴라의 특성조차도 그리 큰 의미가 없을 수 있다. 많은 경우 낮에 작전을 펴도 상관없으며, 무엇보다 낮에 이동을 해도 된다. 다만 이 모든 것은 지상과 공중에서 이루어지고 있는 적의 감시 정도에 따라야 한다. 그리고 특히 산악에서는 좀 더 오랫동안 작전을 지속할 수 있다. 즉 산속에서는 소수의 대원을 데리고서도 장기간 이어질 전투에 착수할 수 있지만, 이 경우 전투가 벌어지는 곳까지 적의 보충병이 오는 것을 막아낼 수 있어야 한다.

적의 접근이 가능한 곳을 잘 감시하고 지키는 것은 게릴라라면 절대로 잊어서는 안 되는 너무나 분명한 기본 원칙이다. 그러나 감투(敢鬪) 정신은 (적이 보충병을 받기 어렵다는 사실을 알기에) 더 강해질 수 있다. 즉 한 걸음이라도 더 가깝게 다가가려고 노력할 것이고, 좀 더 집요하게, 좀 더 정면으로, 더 오랫동안 지속해서 공격할 수 있다. 이는 보유한 탄약의 양 등 여러 상황에 따라 달라질 수 있다.

지형적으로 유리한 곳, 특히 산악에서의 전투는 수많은 장점이 있는 반면에 적의 경계심도 높아지기 때문에 단점도 존재한다. 즉 적군이 한 작전에 많은 무기와 물자를 투입하기가 쉽지 않을 거라는 점이다(게릴라 병사라면 적군은 그 자체로 무기와 탄약 공급의 원천이라는 사실을 절대로 잊어선 안 된다). 하지만 불리한 지형에서보다는 좀 더 빨리 자리를 잡고 뿌리를 내릴 수 있다. 다시 말해 진지전을 펼 수 있는 중심을 빠르게 잡을 수 있으며, 공습이나 장거리 포격을 막을 수 있는 곳에 소규모 PX나 병원, 교육과 훈련용 시설, 선전용 방송시설 등을 설치할 수도 있다.

이런 조건에서는 게릴라 대원의 숫자가 늘어날 수 있고, 비전투원까지도 있을 수 있다. 그리고 어쩌다 게릴라군의 수중에 떨어진 무기를 사용하기 위한 훈련 과정도 생길 것이다.

게릴라가 동원할 수 있는 인원은 전적으로 세력권의 크기가 어떤지, 탄약을 얼마나 쉽게 보급할 수 있는지, 다른 지역에서 탄압받고 있는 사람을 얼마나 탈출시킬 수 있는지, 사용할 수 있는 무기가 어느 정도인지, 조직이 보유한 필수품이 어느 정도인지 등에 따라 유연하게 계산할 문제이다. 그렇지만 어떤 경우든 자리를 잡고 정착하게 되면 새로운 지원병들이 생겨 인원은 상당히 늘어날 것이다.

이 경우 게릴라 부대의 활동 반경은 가지고 있는 조건이나 근접 지역에서 활동하는 여타 게릴라 부대의 작전 범위에 따라 넓어질 수 있다.[30] 활동 반경은 작전을 펼치는 지점에서 안전이 보장되는 곳까지 이동하는 데 걸리는 시간에 따라 선이 그어질 것이다. 예컨대 행군이 주로 밤에 이루어진다는 것을 고려한다면, 최소한의 안전을 보장할 수 있는 지점으로부터 대여섯 시간이 걸리는 거리를 넘어선 곳에서 작전을 펴서는 안 된다. 끊임없이 적군 관할지를 무력화시켜야 하는 소규모 게릴라 부대의 작전은 언제나 안전

---

[30] "문장을 다듬을 것."(붉은색)

지역에서부터 전개되어야 한다.

이런 유형의 전쟁을 수행하는 데 가장 적합한 무기는 사거리가 길고 총탄 소모가 적으며, 자동식 또는 반자동식이어야 한다. 미국 시장에 나와있는 소총과 기관총 중에서 가장 추천할 만한 것은 개런드 소총이라고 부르는 M1 소총이다.[31] 이 총은 잘못 사용하면 탄약 소모가 지나치게 많다는 단점이 있어서 반드시 어느 정도는 경험이 있는 사람들이 사용해야 한다. 안전한 주변이 확보되어 있고 사수들에게 유리한 지형에서는 삼각대가 달린 경기관총 정도의 무기도 사용할 수 있다. 그러나 이런 무기는 언제나 공격해 오는 적군을 물리치기 위한 수단이어야만 한다. 공격용이어서는 안 된다.

25명 정도의 게릴라 부대의 무기는 자동으로 장전되는 10에서 15정 정도의 볼트액션 소총과, 개런드 소총과 경기관총 사이의 10정 정도의 자동화기, 즉 브라우닝 자동소총 혹은 좀 더 현대적이라고 할 수 있는 벨기에가 만든 FAL 돌격소총이나 M-14와 같은 운반이 쉽고 가벼운 자동화기로 구성할 수 있다면 가장 이상적이다. 경기관총 중에서 추천할 만한 것은 탄환을 가장 많이 가지고 다닐 수 있는 9mm 구경인데, 구조가 간단하면 간단할수록 부품 교체가 쉽기 때문에 더 바람직하다. 게릴라들이 사용할 무기는 적군의 무기와도 호환이 잘되어야 한다. 적이 사용하는 탄약도 우리 수중에 들어오면 우리가 사용할 수 있어야 하기 때문이다. 그러나 적이 사용하는 중화기는 사실 버려야 한다. 더욱이 항공기는

---

31 "좀 더 멋진 표현으로 고쳐볼 것."(붉은색)

아무짝에도 쓸모가 없으므로 생각해 볼 여지도 없다. 전차와 대포 역시 이런 지형에서는 진격이 어려워 효용성이 떨어진다.

가장 중요한 문제는 보급이다. 일반적으로 접근이 어려운 지역일수록 이로 인해 여러 문제가 발생한다. 농민들이 별로 없기 때문에 보급품 중에서도 농산물은 정말 귀할 수밖에 없다. 언제나 최소한의 비축 식량을 고려해서 안정적인 선을 유지해야 혹시 모르는 난처한 상황을 미연에 방지할 수 있다.

이런 지역에서 작전을 벌이는 경우에는 대규모 사보타주를 일으키는 것이 그리 큰 의미가 없다. 앞서 얘기했듯 접근성이 떨어지는 문제로 인해 대체로 건물, 통신선, 수로 등도 별로 없을 뿐만 아니라, 있다고 해도 직접적인 실력 행사를 통해 쉽게 망가뜨릴 수 있기 때문이다.

보급을 위해서는 가축을 보유하는 것이 정말 중요하다. 험지라는 것을 고려하면 그중에서도 노새가 최고라고 할 수 있다. 노새를 잘 먹일 수 있는 적당한 목초지도 생각해 두어야 한다. 노새는 다른 어떤 동물도 갈 수 없는 아주 굴곡이 심한 길도 너끈히 통과할 수 있다. 그것도 어려운 경우엔 인력을 이용한 운송에 매달릴 수밖에 없다. 한 사람당 25킬로그램의 화물을 짊어지고 하루에 몇 시간씩 며칠에 걸쳐 운반해야 한다.

외부로부터 병참선을 구축할 때는 전적으로 신뢰할 수 있는 사람들이 운영하는 중개소를 미리 고려해야 한다. 중개소는 물건들을 일시적으로 보관할 수 있을 뿐만 아니라 접촉을 은폐할 수 있는 곳이어야 한다. 내부 병참선도 구축해야 하는데, 내부 병참선의 범위는 게릴라 부대가 어느 정도 커졌는지에 따라 결정해야 한다. 지난 쿠바 전쟁의 최전선 작전 지역에서는 수 킬로미터에 달하는 병참선을 구축했고, 도로까지 만들어 언제나 가장 짧은 시간에 전 지역에 메시지를 전할 수 있는 시스템을 갖추고 있었다.[32]

게릴라들이 생명을 부지하기 위해 반드시 잊지 말아야 할 것은 무기를 최상의 상태로 유지하는 것과 탄약을 획득하는 것이다. 그리고 마지막으로 강조하고 싶은 가장 절실한 부분이 있다면 발에 잘 맞는 군화를 보유하는 것이다. 전시 산업은 이와 같은 목표를 달성하는 것을 최우선 과제로 삼아야 한다. 군화 공장에는 낡은 군화에 가죽 조각을 덧대 수선할 수 있는 설비가 일차적으로 갖춰져야 한다. 그다음에 비로소 작업 라인을 잘 만들어 평균적으로 기본 품질을 보장할 수 있는 질적으로 우수한 공장이 설립될 수 있도록 발전시켜 나아가야 한다. 화약 제조는 오히려 간단하다. 작은 공장이 있고, 필요한 재료를 외부에서 조달할 수만 있다면 언제든 충분한 양을 제조할 수 있다. 특히 지뢰는 적에게 파급력이 상당한데, 단 한 번의 폭발로 100여 명까지 살상할 수 있는 고성능 지뢰를 넓은 지역에 매설할 수 있다.[33]

---

32 여기서 이어지는 구절을 지우고 붉은색으로 "라디오(Radio)"라고 적어두었다. 쿠바에서의 게릴라 투쟁을 통해 쌓은 개인적인 경험과 유용성 때문에 미래에 전선을 확장하고자 할 때 반드시 고려해야 할 요소로 생각했던 것 같다. 3장의 ⑦선전에서 전파의 역할을 상술하였다. ―스페인어판 주석  33 "좀 더 멋지게 고쳐볼 것."(붉은색)

# ⑤ 불리한 지형에서의 전투

불리한 지형에서 전쟁을 수행하려면, 예컨대 그다지 굴곡도 없고 숲도 없는데 길만 여러 갈래로 나있는 곳에서는 게릴라전의 기본 요구 사항을 철저하게 지켜야 한다. 다만 이를 어떤 식으로 갖출 것인지 그 방법만 환경에 따라 바꾸면 된다. 바꾸는 것은 양적인 문제이지 질적인 문제는 아니다. 예를 들어보자. 앞에서 이야기한 원칙들을 따르기 위해 게릴라들의 기동성은 좀 특별해야 한다. 주로 야간을 이용하여 번개처럼 신속하게 공격을 감행해야 하며, 퇴각 역시 빠르게 이루어져야 한다. 이때 반드시 왔던 길과는 다른 길로 이동하며, 작전을 편 곳에서 가능한 한 멀리 퇴각해야 한다. 적군이 접근하기 어려운 곳에 몸을 숨기는 게 늘 가능하다고 생각하면 안 된다.

행군의 경우, 저녁 시간을 이용하여 30~50킬로미터 정도를 걸을 수 있다. 첫새벽에도 행군을 할 수 있지만, 작전 지역을 완벽하게 통제할 수 없거나 그 지역 인근 주민들이 부대가 통과하는 것을 목격할 위험이 있을 때, 이들이 추적에 나선 적군에게 게릴라 부대를 목격한 곳의 상황과 진로를 신고할 위험이 있을 때는 새벽 행군을 하면 안 된다. 이런 환경임에도 작전 수행을 위해 이동이 필요하다면 밤에 소리 내지 않고 움직이거나 초저녁 시간을 이용하는 것이 바람직하다. 다만 이런 계산이 틀릴 수도 있다. 가끔은 새벽이 더 나을 수도 있다. 가능하면 적군이 게릴라 전술에 익숙해지지 못하게 하는 것이 바람직하며, 계속 장소를 바꾸고 작전

시간과 수행 방법에 변화를 주는 것이 필요하다.

앞에서 이야기했듯이, 지나치게 천편일률적인 작전을 펼쳐서는 안 되며 신속해야 한다. 즉 순식간에 일사불란하게 퇴각할 수 있는 최고 수준의 효율성을 추구해야 한다. 이때 사용하는 무기는 유리한 지형에서 사용한 무기와 똑같아서는 안 된다. 될 수 있으면 자동화기를 많이 가져가는 것이 좋다. 야간에 기습 작전을 펴는 경우 조준 사격이 가능하지 않으므로 화력을 집중하는 것이 더 중요하다. 따라서 근거리 사격이 가능한 자동화 무기가 많으면 많을수록 적을 쉽게 소탕할 수 있다.

또한 길거리에 지뢰를 묻고 폭파하거나 교량을 파괴하는 등도 생각해 봐야 할 중요한 전술이다. 게릴라들의 공격적 성향은 유리한 지형에서만큼 집요하거나 지속적일 수는 없겠지만, 강도 면에선 훨씬 더 맹렬해져야 한다. 무기는 앞에서 기술한 지뢰나 산탄총 등을 사용할 수 있다.

주로 병력 수송용으로 사용되는, 지붕 없이 사람만 많이 탈 수 있는 무개 차량이나 특별한 방어 수단이 없는 소형 버스, 이와 유사한 차량 등을 공격할 때는 산탄총이 가장 강력한 무기이다. 다시 말해 수십 개의 탄알이 들어있는 산탄을 장전한 산탄총이 가장 효과적이다. 이는 게릴라들만 아는 비밀 정보는 아니고, 큰 전쟁에서도 많이 사용된다. 미군들은 기관총 진지를 공격할 때, 양질의 무기와 총검으로 무장한 산탄총 소대를 활용한다.

분명하게 밝혀두어야 할 중요한 문제가 있다. 바로 탄약이다. 탄약은 언제나 적에게 빼앗아 써야 한다. 대규모 비축 물자가 안전한 곳에 보관되어 있는 게 아니라면, 이미 소모한 탄약을 확실하게 재충전할 수 있는 곳만 골라서 타격해야 한다. 만일 게릴라 부대가 보유하고 있는 전체 탄약을 다 쏟아부어야 하는데 그곳에서 탄약을 즉시 보충할 수 없는 상황이라면, 굳이 적을 전멸시키기 위해 위험을 무릅쓰고 공격할 필요가 없다. 게릴라전의 전술을 생각할 때, 투쟁을 계속하기 위해서는 군수물자의 보급 문제를 심각하게 고려해야 한다. 그러므로 리볼버 권총이나 산탄총처럼 탄약을 같은 지역이나 도시에서 구할 수 있는 경우를 제외한 다른 무기들은 적이 보유한 무기에 맞춰야 한다.

불리한 지형에서 게릴라 부대의 인원은 10명에서 15명을 넘어서는 안 된다. 독립된 전투부대 하나를 만들 때는 반드시 인원의 상한선을 고려해야 한다. 10명, 12명, 15명은 어느 곳에든 숨을 수 있으면서 적군에 맞서 강력하게 대항할 수 있고 서로서로 도와줄 수 있다. 4~5명은 수적으로 너무 부족하고, 10명을 훨씬 초과하면 캠프에 머물거나 행군을 할 때 적에게 위치가 노출될 가능성이 높다.

게릴라 부대의 행군 속도는 반드시 가장 느린 대원의 속도에 맞추어야 한다. 20명, 30명, 40명씩 행군할 때는 10명 단위로 할 때보다 통일성을 유지하기가 어렵다. 평지에서 활동하는 게릴라 대원은 기본적으로 빨리 달릴 수 있어야 한다. 평지는 치고 빠지는 전술의 사용 빈도가 높을 수밖에 없는 곳이다. 이런 곳에서 벌어지는 게릴라전은 순식간에 포위될 수 있으며, 몸을 숨기고 강하게 저항할 수 있는 안전한 곳이 없다는 단점이 있다. 따라서 전쟁

기간에는 완벽하게 기밀을 유지하며 살아야 한다. 그렇기 때문에 그 어떤 이웃도 완벽하게 검증되지 않은 이상 쉽게 믿어선 안 된다. 적들은 수색할 때 대개 그 집의 가장(家長)을 압박해 들어가지만 종종 여자나 아이들까지도 거칠고 야만스럽게 다룬다. 그러므로 강단이 없는 사람은 압력을 조금만 받아도 게릴라들이 어디에 있고 어떤 활동을 하는지 쉽게 정보를 '슬쩍 흘리는' 짓을 할 수 있다. 이는 곧바로 포위로 이어지는데, 반드시 치명적이진 않지만 그와 비슷한 결과를 초래한다. 한편 상황이 무르익으면서 비축된 무기의 양도 늘어나고, 민중의 반란이 격화되면 분명 게릴라에 입대하고자 하는 사람이 늘어날 것이다. 이때엔 반드시 게릴라 부대를 나눠야 한다. 물론 언제가 되었든 결정적인 한 방을 먹이기 위해 전체가 다 모여야 할 수도 있다. 그러나 이런 경우에도 상황이 정리되면, 머무르게 될 지역에 따라 다시 10명, 12명, 15명 정도로 각 그룹을 소규모로 나눠 분산시켜야 한다.

게릴라는 단 한 사람의 지휘 아래 진정한 의미에서의 완벽한 군을 조직할 수 있어야 하며, 부대원들은 지도자를 존경하는 마음으로 확실하게 복종해야 한다. 그렇다고 전체를 한 그룹으로 묶을 필요는 없다. 게릴라 부대장을 선출하는 것과 선출된 대장이 이데올로기에 부응하여 스스로 지역 총사령관의 명령에 충실히 따르는 것, 이는 대단히 중요한 문제이다.

게릴라 부대가 사용할 수 있는 중화기 중 하나는 바주카포인데 운반과 취급이 쉬워 정말 유용하다. 오늘날에는 대전차 유탄발사기로 대체할 수 있다. 물론 적군에게서 빼앗아야 할 무기인데, 적군이 탄 장갑차나 장갑이 되지 않은 차량을 공격할 때, 그리고 소규모 수비대가 배치된 작은 진지를 단시간에 점령하고자 할 때 사용할 수 있는 이상적인 무기이다. 그러나 1인당 최대한 운반할 수 있는 양이 세 발 정도밖에 안 돼서 너무 많은 노동력을 투입해야 한다는 것을 고려해야 한다.[34]

적에게 뺏은 중화기를 활용할 때 절대로 낭비해선 안 된다는 것은 너무 당연한 말이다. 삼각대가 달린 50구경 중기관총과 같은 무기를 노획했을 때엔 언제든지 기꺼이 포기하겠다는 자세로 사용하면 된다. 다시 말해서, 불리한 조건에서는 이 같은 중기관총이나 이와 유사한 종류의 군수품을 어떻게 지킬 것인가까지 생각해 가면서 전투를 할 수는 없다. 전술적으로 진지에 버려야 할 때까지만 활용하면 되는 것이다. 우리가 수행하는 해방전쟁에서 무기를 버리는 것은 한마디로 엄청난 잘못이다. 물론 앞에서 지적한 바와 같은 핑계가 언제나 수용되진 않을 것이다. 그런데도 이런 이야기를 하는 것은 비난을 받지 않을 수 있는 유일한 상황을 설명하기 위한 것이다. 불리한 지형에서 사용할 수 있는 게릴라 대원의 무기는 빠른 사격이 가능한 개인화기인 것이다.

접근이 쉽다는 것은 보편적으로 사람이 살 만하고 농민들이 밀집해서 살 수 있다는 것을 의미한다. 신뢰할 만한 사람이 있고 주민들에게 식량을 배급하는 일을 맡은 기관들과 접촉할 수 있다

---

34 "이는 미국제 ○○mm 바주카포 포탄에 대한 경험을 바탕으로 쓴 것이다. 다른 종류의 무기에선 폭탄 장전을 달리할 수 있다."(해당 페이지 제일 하단에 붉은색으로 쓰여있었으며, 숫자가 비어있어 규격을 알 수 없음)

면, 이는 보급 측면에서는 엄청나게 유리한 조건이다. 위험에 빠지기 쉬운 장거리 병참선에 많은 시간과 돈을 들이지 않고도 완벽하게 게릴라 부대를 유지할 수 있기 때문이다. 물론 이런 상황에서도 인원이 적으면 적을수록 식량을 구하기는 쉽다는 점을 강조하고 싶다. 필수적인 보급품, 즉 해먹, 모포, 군용 방수복, 모기장, 군화, 의약품 그리고 식량 등은 직접 해당 지역에서 구해야 한다. 이것들은 대부분 지역 주민들도 매일같이 사용하는 물건이다.

많은 사람과 소통해야 한다는 점에서 통신은 쉬워야 한다. 이를 위해선 다양한 통로를 마련해야 한다. 하지만 멀리 떨어진 곳에 메시지를 전달할 때는 절대적인 보안을 유지하기가 그리 쉽지 않다. 이런 경우 여러 사람이 계속 이어가며 접촉해야 하는데, 서로 믿고 의지할 수밖에 없다. 게다가 적군 관할지를 가로질러 메시지를 전달하는 전령 중 누군가 체포될 수 있다는 위험이 상존한다. 그렇기 때문에 메시지가 그리 중요한 내용이 아니라면 말로 전달하는 것이 바람직하다. 그러나 만일 중요한 내용을 담고 있다면 암호를 이용한 문서 형태로 전달해야 한다. 입에서 입으로 이어지는 구두 전달의 경우, 전달하고자 하는 내용이 황당하게 변질된 것을 경험한 적이 있기 때문이다.

앞에서 지적한 이유에서 공장은 그리 크게 중요하지 않을 뿐만 아니라, 공장을 가동하는 것 역시 굉장히 어렵다는 것을 알아야 한다. 군화 공장이나 무기 공장을 만들긴 어렵다. 현실적으로 가능한 것은 잘 은폐된 소규모 공방 정도밖에 없으므로, 산탄총의 탄약통을 채우거나 지뢰, 수류탄 같은 최소한의 필수품을 제조할 수 있는 정도에 만족해야 한다. 다만 정말 필요한 것이 있으면 우호적 관계를 유지하고 있는 지역 내 공방에 여러 가지 작업을 의뢰할 수 있다.

지금까지 이야기한 것을 논리적으로 정리하면 두 가지 결론을 도출할 수 있다. 첫 번째는 게릴라전과 관련하여 게릴라들이 자리를 잡기 위한 조건은 각 지역이 담보한 생산력의 발전 정도에 반비례한다는 것이다. 인간의 삶을 위해 필요한 모든 것을 생산하는 데 유리한 조건은 인간의 정착을 가능하게 만들어준다. 그러나 전쟁에서는 이와 상반되는 일이 일어난다. 생활에 편리한 설비들이 많으면 많을수록 게릴라들은 불안한 떠돌이 생활을 할 수밖에 없다. 사실 똑같은 원리로 지배를 받는다고 볼 수 있다. 이 장의 제목은 '불리한 지형에서의 전투'이다. 통신기관, 도심과 부도심, 인구의 집중, 기계를 이용한 노동 등이 하나로 엮여 인간의 삶을 편리하게 만들고 있는데, 이것이 궁극적으로는 게릴라를 불리한 상황으로 몰아넣는다.

두 번째 결론은 게릴라들의 노력이 이와 연계된 민중의 노력을 끌어낼 수 있어야 한다는 것이다. 불리한 지역일수록, 다시 말해서 단 한 번의 적의 공격으로도 재난에 가까운 상황이 야기될 수 있는 지역일수록 이런 민중의 노력을 끌어내는 것이 절실하게 필요하다. 불리한 지역에서 게릴라 내부 전선의 동질성을 만들어내기 위해서는, 노동자와 농민 그리고 그 지역에 존재하는 여타 사회 계급의 단결을 이루어내는 설교와 투쟁을 계속해야 한다. 민중과 함께 해결해야 할 과업, 즉 이 지역에서 활동하는 게릴라들과 주민들의 관계라는 대중적 측면에서 벌이는 지속적인 노력은, 완고한 적군 병사 개개인을 이해하려는 데까지 나아갈 수 있어야 한다. 하지만 이로 인해 위험이 발생했을 때는 과감히 잘라낼 수 있어야 한다. 이때 게릴라는 과감해야 한다. 안전이 보장되지 않은 곳에서는 작전 지역 안에 절대로 적이 존재해선 안 된다.

## ⑥ 도시 게릴라

게릴라전에서 게릴라가 주변 농촌 지역을 가로질러 도시에 접근한 다음 어느 정도 안전한 상황을 만들 수 있다면, 이때부터는 게릴라들에게 특별 교육을 해야 하고 나아가 특별 조직을 만들어야 한다.

기본적으로 명심해야 할 문제는 도시 게릴라는 절대로 자발적으로 만들어지지 않는다는 사실이다.[35] 도시 게릴라는 존속을 위한 필요조건이 갖춰졌다는 생각이 들어야지만 조직이 만들어질 수 있는데, 이는 다른 곳에 상주하는 대장의 명령에 따라야 한다는 것을 의미한다. 다른 유형의 게릴라들, 즉 도시 밖에서 활동하는 게릴라들이 누리는 작전상의 확장성이 도시 게릴라들에게는 없으므로, 그들의 임무는 독립적인 작전을 수행하는 것이 아니라 미리 짜놓은 계획에 따라 다른 지역에 있는 상위 그룹의 활동을 지원함으로써 특정 전술적 목표 달성에 이바지하는 것이다. 다시

---

[35] "좀 더 멋진 표현으로 바꿔볼 것."(붉은색)

말하면 통신시설을 전복할 것인지, 여타 장소에서 요인을 암살할 것인지, 도심에서 좀 멀리 떨어진 길에서 군 순찰차를 기습 공격할 것인지, 도시 게릴라는 자기 마음대로 선택해선 안 되고 명령받은 것만을 실행해야 한다. 만일 전봇대를 자르거나 하수도, 철도, 수로 등을 파괴하는 것이 임무라면, 이 임무만 완벽하게 수행하는 것에 그쳐야 한다.

도시 게릴라의 인원은 4명에서 5명을 넘으면 안 된다. 도시 게릴라는 굉장히 불리한 지역에서 활동해야 하므로, 인원 제한은 매우 중요한 문제이다. 도시는 적의 감시망이 촘촘해서 밀고나 보복을 당할 가능성도 대단히 커질 수밖에 없다. 절대로 자기가 활동하고 있는 장소에서 멀리 떨어진 곳까지 이동할 수 없다는 점 또한 불리한 조건이다. 빠른 작전 수행과 빠른 퇴각이 작전 수행 장소로부터 상대적으로 가까운 거리 안에서 이루어져야 한다는 것을 연결해서 생각해야 한다. 낮에는 철저하게 숨어있어야 한다. 즉 야행성 게릴라 활동을 해야 한다. 이런 작전 방식은 엄청나게 큰 봉기가 일어나 물밀듯이 진격하여 도시를 포위해 도시 게릴라가 <u>전투원으로</u> 참여할 수 있을 때까지는 절대로 변할 가능성이 없다.

도시 게릴라 전사가 갖춰야 할 가장 기본적인 품성은 규율이다. 그 누구보다도 높은 수준의 규율을 준수해야 하며 신중해야 하고 비밀을 반드시 지켜야 한다. 식량을 제공하는 친구 집 두세 채를 제외하고는 민간인의 집을 이용해서는 안 된다. 도시라는 조건에서 포위당한다는 것이 죽음과 같다는 것은 너무나 분명한 사실이다. 그뿐만 아니라 무기 역시 여타의 핵심 거점에서 사용하는 무기와 같은 범주에 속한 것이어선 안 된다. 개인적인 방어 수단으로만 사용할 수 있는 것이어야 하며 신속하게 도망쳐 안전하게 숨는 데 방해가 되면 안 된다. 사거리가 짧은 자동화기[36] 한두 정을 보유하면 충분하며, 다른 대원들은 권총을 사용하면 된다.

또한 무장활동이 중심이 되면 안 된다. 적군 한두 명이나 적군이 심어놓은 첩자를 급습하는 정도에 그치고, 명령받은 사보타주 활동에 집중해야 한다.

사보타주를 위해선 다양한 도구가 필요하다. 게릴라 대원은 적당한 톱, 많은 양의 다이너마이트, 곡괭이와 삽 등 레일을 파괴하기 위한 도구를 보유해야 한다. 즉 이런 일을 실행하는 데 필요한 장비를 갖춰야 하며, 이를 안전한 곳에 감춰두었다가 필요한 사람에게 언제든지 넘겨줄 수 있어야 한다.

한 명 이상의 게릴라 대원이 존재한다면 반드시 대장 한 사람의 지휘를 받아야 한다. 그리고 대장은 민간인 중에서 가장 믿을 만한 사람을 골라 필요한 임무를 지시해야 한다. 물론 경우에 따라선 게릴라들도 평시에 하던 일을 계속할 수도 있지만, 이는 쉽지 않다. 실제 도시 게릴라는 어찌 보면 이미 군사적인 성격을 띤 사회에서 그 사회 규율의 바깥에 있는, 예컨대 우리가 앞에서 이야기한 불리한 조건에 놓인 사람들로 구성되기 때문이다.

---

[36] 스페인어판에는 "armas automáticas de corto alcance"로 표기되어 있는데, 이는 사거리가 짧은 자동화기(기관단총류)이다. 이 부분을 영어판에서는 "기병소총이나 총열을 자른 산탄총(carbine or sawed-off shotgun)"으로 표기했다.

도시 게릴라 투쟁의 중요성은 <u>엄청나다고</u> 말할 수 있다. 넓은 지역에서 펼쳐질 도시 게릴라들의 가장 중요한 임무는 지역 내의 상공업과 이를 기반으로 돌아가는 생활 전반을 마비시킴으로써 전 주민을 불안하고 초조하게 만들거나, 오랜 시간 불안과 긴장으로 점철되어온 삶에서 그만 벗어나고 싶다는 생각이 들게 함으로써 마침내 하루빨리 무장투쟁이 일어나길 고대하게 만드는 것이다. 전쟁 초기부터 미래를 고려하여 도시 게릴라 투쟁에 적합한 전문가 그룹을 조직할 수 있다면 매우 신속한 작전을 펼 수 있을 테고, 많은 생명을 구하고 국가의 귀중한 시간을 아낄 수 있을 것이다.

1장 — 게릴라 투쟁 총론
**2장 — 게릴라**
3장 — 게릴라 전선 조직
4장 — 부록

# ① 사회 개혁가로서의 게릴라 대원

우리는 앞서 게릴라 대원을 민중 해방에 대한 고민을 자기화하고 있는 사람으로 규정하였다. 게릴라는 해방을 쟁취하기 위한 평화적인 수단을 이미 다 소진하여 결국 투쟁에, 예컨대 무장항쟁에 나선 민중의 전위가 될 수밖에 없는 사람이다. 이들은 항쟁을 시작할 때부터 불의한 질서를 전복할 의도를 가지고 시작했다. 즉 어느 정도는 은연중에 낡은 질서를 대체하여 새로운 질서를 만들 의도가 있는 것이다.

현시점에서 봤을 때, 경제적으로는 대부분 국가가 저개발 상태에 놓여있는 아메리카 대륙만의 특수한 상황을 고려한다면 투쟁을 위한 이상적인 조건을 제공하는 곳은 농촌이다. 따라서 게릴라 운동의 목표, 사회적 권리 복원의 출발점은 농지 소유 구조의 변화가 되어야 한다.

이 시기에는 투쟁의 깃발을 농촌개혁에 두어야 한다. 이 깃발을 그들의 열망이나 한계를 통해 설명할 수도 있겠지만, 초기 단계라면 경우에 따라 완벽하게는 설명하지 못할 수도 있다. 단순히 농민들이 현재 일하고 있고 앞으로도 일하고 싶은 토지에 대한 세속적인 목마름을 이야기하진 않는 것이다.

농촌개혁의 조건은 투쟁을 시작하기 전 사회에 내재해 있던 조건과 투쟁의 사회적 심도에 달려있다. 의식을 가진 인민의 전위인 게릴라는, 본인이 진정한 개혁을 간절히 희구하는 사제와 같은 사람이라는 확신을 줄 만큼 도덕적인 행동을 보여줘야 한다. 전쟁이라는 조건의 엄중함을 고려한다면, 허용할 만한 작은 실수나 사소한 월권조차도 스스로 통제할 수 있는 엄정한 자기 통제에서 비롯된 도덕성을 가져야 한다. 한마디로 게릴라 대원은 고행의 수도사가 되어야 한다.[37]

사회구조는 전쟁의 전개 양상에 따라서 바꿀 수 있다. 전쟁이 막 시작된 초창기에는 그 지역의 사회적 구조를 변화시키려는 어떤 시도도 하면 안 된다.

또한 자체 능력으로 살 수 없는 상품은 채권을 발행하고, 기회가 닿는 대로 똑같은 가치의 다른 상품으로 교환하여 지급해야 한다.

게릴라는 언제든 농민을 기술적, 경제적, 도덕적, 문화적으로 도와줄 수 있어야 한다. 전쟁 초기, 게릴라 대원은 가난한 사람을 도와주기 위해 이 땅에 내려온 천사와 같은 사람이 되어야 하며, 반대로 악질적인 부자에겐 극단적인 고통을 안겨줄 수 있어야 한다. 그러나 전쟁은 점차 발전 과정을 밟아갈 것이다. 모순은 첨예해질 것이고, 처음에는 혁명에 호의적인 눈길을 주었던 많은 사람이 완전히 등을 돌리는 순간이 올 수도 있다. 예컨대 인민군에 맞서 전장에 첫발을 내디딜 수도 있다. 이런 경우 게릴라 대원은 민중의 신념을 수호하는 기수로 변신해 행동에 나서야 한다. 정의의 깃발을 높이 들고 배반에는 단호하게 응징해야 한다. 전쟁 지역에서 사유재산은 사회적 기능을 해야 한다. 예를 들어 가족 부양에 절대적으로 필요한 정도를 넘어선 부자들의 가축이나 잉여 토지는

---

[37] "다른 곳으로 보내자." (붉은색 밑줄)

균등하고 정의롭게 분배하여 민중의 손에 넘겨야 한다.

그러나 사회적 재화로 사용된 귀속재산은 소유자들의 보상권을 인정해야 한다. 이러한 보상은 채권으로 한다(이 채권은 '희망 채권'이라고 부른다. 이 명칭은 우리 스승인 바요 장군[38]의 작품인데, 채권자와 채무자 사이에 만들어진 관계를 생각하여 만든 것이다).

혁명군은 혁명에 적극적으로 저항하는 악명 높은 자들의 토지와 이에 따른 부속물 그리고 공장을 반드시 수중에 넣어야 한다. 또한 인간의 형제애가 가장 고귀하게 빛나는 순간이라고 할 수 있는 게릴라 전쟁의 열기를 이용하여, 전쟁이 벌어지고 있는 곳에 사는 주민들이 진심으로 받아들일 수 있는 <u>협력적 성격</u>의 노동을 추동해야 한다.

게릴라는 사회 개혁의 전위로서 일상생활의 모범이 되어야 할 뿐만 아니라 이데올로기 문제를 지속적으로 지도할 수 있어야 한다. 알고 있는 것은 무엇이며 때가 되면 어떻게 할 것인지를 설명할 수 있어야 한다. 혁명의 신념을 더 튼실하게 만들어준 수개월 혹은 여러 해 동안 이어진 전쟁에서 배운 것을 이때 활용해야 한다. 혁명에 동원된 무기의 잠재력이 입증되고, 주민들 스스로 육체적인 어려움을 정신적으로 승화시켜 이데올로기를 삶의 일부로 만들어 나가고, 정의가 무엇인지 인식하면서, 예전에는 이론적으

---

[38] 알베르토 바요(Colonel Alberto Bayo, 1892-1967). 스페인의 군인이자 쿠바의 혁명가. 스페인 내전에 반파시즘 전선으로 참전했으며 1956년부터 쿠바 혁명군의 교관으로 복무했다.

로만 중요성을 느꼈지 실질적으론 긴박함을 잊고 있던 일련의 변화가 절대적으로 필요함을 깨닫게 되는 순간, 게릴라는 좀 더 급진적으로 변하게 된다.

게릴라전을 앞장서서 이끄는 사람, 즉 게릴라전의 지도자들은 매일매일 밭일을 하며 허리를 굽혔던 사람들이 아니기에 이와 같은 일은 빈번하게 일어난다. 이들은 농민에 대한 사회적인 대우가 변해야 한다는 필요성을 인식한 사람이긴 하지만, 대부분이 이런 사회적 대우로 인해 고통받아 본 적은 없는 사람이다. 그러나 —나는 쿠바에서의 경험을 확장하여 그 경험에서 시작하고자 한다—행동을 통해 무장투쟁의 근본적인 중요성을 민중에게 가르치고자 하는 혁명 지도자와, 투쟁의 깃발을 높이 들고 우리가 앞에서 이야기한 실질적인 필요성을 혁명 지도자에게 가르치고자 하는 민중 사이에 진정한 의미의 상호작용이 이내 일어난다. 게릴라 대원들과 민중의 상호작용이 만들어낸 결과물로 인해 상황이 급진화되면서 운동은 혁명적 성격이 강해지고, 국가 차원으로 점차 퍼져나갈 것이다.

## ② 전사로서의 게릴라 대원

게릴라 대원이 살아가야 할 삶의 근본적인 특징을 대략적으로나마 그려보자. 게릴라전에 적응하여 위임받은 임무를 완벽하게 수행하려면 신체적, 정신적, 도덕적인 조건을 충족해야 한다.

여기서 던질 수 있는 첫 번째 질문은 '게릴라 요원은 어떤 사람이어야 하는가?'이다. 이에 대한 대답으로 우선 게릴라 대원은 그 지역 거주자여야 한다는 것이다. 그 이유는 자기가 속한 세계를 보호하려는 의지와 이를 공격해오는 사회체제를 뒤집고자 투쟁하려는 열정까진 고려하지 않는다 해도, 그곳에 개인적으로 의지할 수 있는 친구들이 존재하며, 태어나고 자란 곳이기에 그 지역에 대해 잘 알고 있고—지역에 대한 이해는 게릴라 투쟁에서 가장 중요한 요소이다—그곳에서 일어난 다양한 변화에 적응돼 있어서 일의 효율을 높일 수 있기 때문이다.

게릴라는 주로 야간에 전투한다. 따라서 게릴라 요원에 대해 거론할 땐 반드시 야행성을 갖춰야 한다는 것도 함께 이야기해야 한다. 게릴라는 눈에 띄지 않고 움직여야 한다. 예컨대 산이건 들이건 전투가 벌어지고 있는 곳이면 어디든 나아가되, 아무도 움직임을 눈치채지 못하게 해야 하며, 기습적으로 적을 덮칠 수 있어야 한다. 이런 유형의 게릴라전에서 이는 아무리 강조해도 지나치지 않다. 두려움이 일 정도로 공포심을 안겨줘야 하며, 싸울 땐 자비를 베풀면 안 된다. 동료들의 나약한 모습은 절대 용납하지 않되, 적의 나약한 모습은 아주 사소한 것까지도 활용할 수 있어야 한다. 회오리바람처럼 몰아쳐 모든 것을 철저히 파괴해야 하며, 전술적인 차원에서 불가피한 경우가 아니라면 조금도 사정을 봐주어선 안 된다. 처형해야 할 사람은 반드시 처단함으로써 적군에게 공포심을 심어주어야 한다. 그러나 무기를 내려놓고 항복한 자들에겐 호의를 베풀어야 하며, 죽었다고 시신을 함부로 취급해서도 안 된다.

부상자는 반드시 안전한 장소로 옮겨 최선을 다해 치료해 주어야 한다. 이 경우 범법자는 전력에 따라 처리해야 하는데, 사형이 합당한 죄를 지은 경우를 제외하고는 치료해 주어야 한다. 난공불락의 작전 기지를 이미 확보한 경우가 아니라면 절대로 포로를 데려가선 안 된다. 그렇다고 풀어주면 원소속 부대에 다시 합류했을 때 정보를 제공해 그곳 주민들과 게릴라 부대에 위험을 안겨줄 비수가 돌아올 수 있다. 따라서 악명 높은 죄를 범한 자가 아니라면 잘 교육한 다음 풀어주는 것이 좋다.[39]

게릴라 요원은 필요하면 언제라도 목숨을 걸어야 한다. 목숨을 바쳐야 할 때가 오면 조금도 망설이지 않고 목숨을 내놓을 준비가 되어있어야 한다. 그러나 이와 동시에 신중해야 하며, 절대로 불필요하게 목숨을 내놓아서는 안 된다. 최대한 조심하여 잘못된 결말이나 전멸을 피해야 한다. 따라서 모든 전투에서 가장 중요한 점은 적의 지원군이 통과할 수 있는 지점을 철저하게 감시하는 것이다. 역으로 포위당하지 않으려면 이 작업이 필수적이다. 포위가 야기할 수 있는 결과는 물리적인 재난뿐만이 아니다. 투쟁의 가능성에 대한 믿음을 잃게 하는 엄청난 도덕적인 재난까지도 불러올 수 있다.

또한 게릴라는 과감해야 한다. 작전의 위험도와 가능성을 정확하게 분석하고, 주어진 상황에 대해서는 늘 낙관적인 태도를 유지해야 하며, 조건의 유불리를 분석했을 때 유의미하고 긍정적인 변

---

[39] "다른 곳으로 보낼 것."(붉은색)

별점이 보이지 않더라도 조금이라도 유리한 결정을 찾아낼 수 있도록 만반의 준비를 해야 한다.

게릴라들이 가혹한 투쟁 조건과 적군의 작전 수행 속에서 살아남으려면 헤쳐 나아가야 할 환경에 적응하는 능력이 필요하며, 한 걸음 더 나아가 협력을 제공하는 농민들만큼 환경에 푹 젖어들어 이를 최대한 이용할 수 있어야 한다. 동시에 결정적인 작전이 어떤 식으로 진행되느냐에 따라 당면 문제의 해결 과정을 바꿀 수 있는 빠른 판단력과 순간적인 재치가 필요하다.

인민군의 적응력과 순간적인 재치는 모든 통제를 무너뜨릴 수 있고, 전쟁을 주도하는 사람의 추진력까지도 통제할 수 있다.

게릴라 대원은 어떤 경우에도 부상당한 동료를 적의 손에 넘겨서는 안 된다. 그렇게 되면 동료는 거의 백 퍼센트 죽을 수밖에 없기 때문이다. 어떤 대가를 치르더라도, 온갖 고생과 위험을 무릅쓰고서라도, 다친 동료를 전투 지역에서 빼내 안전한 곳으로 옮겨야 한다. 한마디로 게릴라 전사는 서로가 서로에게 정말 특별한 동료가 되어야 한다.

동시에 굳게 입을 다물 줄 알아야 한다. 사람들이 자기 앞에서 했던 모든 이야기와 보여주었던 모든 행동은 철저하게 머릿속에만 담아놓아야 한다. 함께 싸우는 동지에게도 단 한마디도 허용해선 안 된다. 적군은 언제나 게릴라의 계획이나 주둔 장소, 게릴라들이 활용하거나 지키고 있는 생존 수단을 알아내기 위해 게릴라 부대에 자기편 첩자를 침투시키려고 계속해서 노력하고 있기 때문이다.

게릴라는 앞에서 우리가 지적한 도덕적인 품성뿐만 아니라 몇 가지 아주 중요한 육체적인 능력도 갖춰야 한다. 먼저 게릴라 전사는 절대로 지치면 안 된다. 도저히 피곤을 참을 수 없는 순간에도 그 너머를 바라볼 수 있어야 한다. 언제나 확신에서 우러나온 몸짓과 동작 하나하나가 반짝반짝 빛날 수 있어야 하며, 지금 이 발걸음이 마지막이 되어선 안 되고 반드시 한 걸음 더 내디딜 수 있어야 한다. 그래야 대장이 명령한 곳에 도착할 때까지 계속해서 한 걸음 또 한 걸음 옮길 수 있는 것이다.

극단적인 상황까지도, 예컨대 식량과 물, 피복이 바닥나고, 언제든 피신할 수 있는 집은 어디에도 없다는 사실을 참아낼 수 있어야 할 뿐만 아니라, 질병으로 인한 고통과 외과적인 수술을 받지 못하고 자연 치유되기만을 기다릴 수밖에 없는 부상으로 인한 극단적인 고통까지도 참아낼 수 있는 전사가 되어야 한다. 상처나 부상을 치료하기 위해 개인적으로 게릴라 점령지를 벗어난 사람은 대부분 적군에 의해 사살되었기 때문이다.

이러한 조건을 다 충족시키기 위해선 모든 역경에 맞서 아프지 않고 버틸 수 있는 강철과 같은 건강이 필요하며, 쫓기는 동물과 같은 삶을 오히려 체력 단련의 수단으로 삼을 수 있어야 한다. 타고난 적응력을 발휘해 현재 전투를 벌이고 있는 대지의 한 부분으로 녹아들어 갈 수 있어야 한다.

이 모든 조건들을 고민하다 보면 다음과 같은 질문을 던지게 된다. '몇 살이 게릴라에 자원하기에 가장 이상적인 나이일까?' 통계적으로 넓힐 수도 있고 좁힐 수도 있는 다양한 사회적·개인적

특성까지 고려한다면 나이의 범위를 정확하게 설정하기란 쉽지 않다. 예를 들어 농민은 도시인보다 좀 더 잘 버틴다. 체력 단련을 하며 건강하게 사는 도시인은 평생 책상머리에 앉아 사는 사람보다는 훨씬 더 유능할 수 있다. 그렇지만 일반적으로 전투원이 될 수 있는 나이의 상한선은, 특히 떠돌이 생활을 할 수밖에 없는 게릴라의 특성을 고려한다면 40세 정도라고 할 수 있다. 물론 예외는 있을 수 있는데, 주로 농민들 사이에서 가끔 나타난다. 우리 쿠바 혁명의 영웅이었던 크레센시오 페레스 소령은 65세에 처음 '시에라마에스트라'에 들어왔지만,[40] 당시 게릴라 대원 중에서 가장 뛰어났다.[41]

게릴라 부대를 조직할 때 특정 영역의 사회 구성원이 꼭 필요한지는 따져보아야 하는데, 우선은 작전 중심지로 선택한 지역의 사회계층 구성에 맞춰야 한다. 예컨대 게릴라 부대의 핵심 전투원은 농민이어야 한다. 농민이야말로 최고의 병사라고 단언할 수 있다. 그렇다고 다른 계층의 사람들을 전적으로 배제하라는 말이 아니다. 다른 계층의 사람들에겐 정의로운 대의를 위한 투쟁의 기회를 박탈하라는 것도 아니다. 오히려 이 점에 있어선 개인적인 예외에 해당하는 사람들이 더 중요할 수 있다.

나이 하한선은 못 박아선 안 되지만 특별한 상황을 제외하고는 16세 이하를 받아들여서는 안 된다고 생각한다. 아이라고밖엔

---

40 시에라마에스트라(Sierra Maestra)는 쿠바를 가로지르는 등줄기 산맥이다. 즉 게릴라가 되기 위해 입산했다는 뜻으로 이해할 수 있다. 41 **"확인할 것."(녹색)**

할 수 없는 이런 연령대의 소년들은 일반적으로 임무를 맡기기엔 너무 어리며, 무릎을 꿇을 수밖에 없는 무자비한 고통을 참아낼 만큼 성장했다고 보기 어렵다.

게릴라로서 가장 이상적인 나이는 25세에서 35세 사이라고 할 수 있다. 대부분의 사람들이 이 연령대에 이르면 어떤 방식의 삶을 살아갈 것인지 최종적으로 구체적인 모습을 결정하게 된다. 그러므로 가정, 자식, 나아가 자신의 삶과 관련된 모든 것을 포기하고 세상을 향해 나올 수 있는 시기이기도 하다. 이미 사회적 책임에 대해 깊이 생각해 본 적이 있기에 확고한 의지로 사회에 책임을 지기 위한 행동을 할 것이며 단 한 걸음도 물러서지 않을 것이다. 물론 어린 나이에 지원한 사람 중에도 우리 혁명군의 전사로서 가장 높은 계급까지 진급한 특수한 사례도 있다. 그러나 이는 일반적인 경우는 아니다. 전사로서의 탁월한 재능을 보여주었음에도 다시 가정으로 돌아가야만 했던 사람도 10여 명 있다. 이들은 상당히 오랫동안 게릴라 부대로선 위험한 걸림돌이었다.

게릴라 대원은 앞에서 언급했던 특성상 달팽이처럼 집을 짊어지고 다녀야 한다. 그래서 최대한의 필수품을 최소한의 무게로 담아낼 수 있도록 배낭을 잘 정리해야 한다. 필수불가결한 것만 가지고 다녀야 하지만 가장 기본적인 것은 언제나 지니고 다녀야 하며 극단적으로 어려운 상황이 아니라면 절대로 잃어버려서는 안 된다.

그러므로 무기는 언제나 스스로 가지고 다녀야 한다. 재보급, 특히 총탄의 재보급은 정말 어렵다. 총탄은 절대 물이 묻지 않게 잘 보관하고 분실하지 않도록 하나하나 잘 세어놔야 한다. 이는 반드시 지켜야 할 수칙이다. 총은 언제나 깨끗이 손질해 놓아야 하는데, 총신은 반질반질 윤이 나게 닦아놓아야 할 뿐만 아니라 기름칠을 잘해놓아야 한다. 각 지대장은 무기를 이 수준으로 관리하지 못한 대원에게 당연히 벌을 주어야 한다.

단호한 성격에 두드러질 정도로 헌신적이어서 이미 앞에서 이야기한 아주 불리한 조건에서도 활동이 허용된 사람이라면 반드시 높은 이상을 가슴에 품어야 한다. 다만 이러한 이상은 지나치게 높기보다 조금은 단순하면서도 소박한 것이어야 한다. 너무 멀리 나가선 안 되고 확고하면서도 명확해야 하며, 이상을 위해선 주저하지 않고 목숨을 바칠 수 있어야 한다. 경작할 수 있는 조그만 땅뙈기라도 농민 대부분이 직접 소유할 수 있고, 농민이 사회적으로 정당한 대우를 받을 수 있는 권리를 갖는 것이 바로 이에 해당하는 최소한의 이상이다. 노동자들이라면 일자리가 있고 합당한 임금을 받으며 정당한 사회적 대접을 받는 것이다. 그리고 학생들과 교수들이라면 추상적인 이상, 즉 '자유를 위한 투쟁'이라고 할 때 '자유'와 같은 추상적인 이상이 이에 해당한다고 말할 수 있다.[42]

이 모든 것은 우리에게 '게릴라는 어떻게 살아야 하는가?'라는 질문을 생각해 보게 한다. 게릴라의 일상적인 삶은 끊임없이 걷는 것이다. 숲이 우거진 산에서 활동하면서 계속 적의 추적을 받는 게

---

42 "전쟁이 전개됨에 따라 확장된다."(붉은색)

릴라를 예로 들어보자. 이런 상황에서는 위치를 바꾸기 위해 낮에는 몇 시간씩 먹지도 않고 걸어야 하고, 밤에는 물을 구할 수 있는 곳 근처에 야영지를 만들어야 한다. 반복적인 일상에 적응해야 하며, 식사할 때엔 각각의 게릴라 지대별로 모여 함께 하고, 저녁이 되면 주변의 재료를 이용해 모닥불을 피워야 한다.

게릴라는 먹을 수 있을 때 먹고, 할 수 있을 때 뭐든지 해야 한다. 가끔은 엄청난 양의 전투식량을 한꺼번에 털어 넣을 수도 있지만, 하루나 이틀을 전혀 먹지 않고 버틸 수도 있어야 한다. 하지만 이럴 때도 절대로 전투력이 떨어져선 안 된다.

잠은 노천에서 자야 한다. 하늘 아래 해먹을 하나 설치하고, 적당한 크기의 나일론 방수포에 의지해 잠을 청해야 한다. 배낭과 총, 탄약은 게릴라들에겐 보물과도 같은 무기이므로 해먹과 방수포 아래쪽에 보관해야 한다. 적이 기습을 할 가능성이 있어 절대로 군화를 벗으면 안 되는 곳도 있다. 군화야말로 또 하나의 보물 덩어리다. 군화를 보유한 사람은 절대적인 필수품을 가졌다는 점에서 행복한 삶을 보장받은 셈이다.

이런 식으로 하루하루가 흘러갈 것이다. 다른 곳에는 절대 갈 수가 없고, 미리 계획하지 않은 모든 접촉은 피해야 한다. 거칠고 투박한 지역에서 배고픔과 목마름을 견디며 추위나 더위와 싸워야 한다. 계속된 행군에 땀을 연신 흘릴 수밖에 없는데, 땀 위에 또 땀이 흘러내리고 마르길 반복할 것이다. 따라서 수시로 몸단장을 할 수 있을 거라는 생각은 하지 않는 게 좋다.[43]

지난 쿠바 혁명에서의 일이다. 16킬로쯤 행군을 하고 태양이 작열하는 대낮에 두 시간 사십오 분쯤 교전한 다음, 그 이후 며칠 동안을 불리한 상황에서 쫓기던 중에 '엘 우베로(El Uvero)' 마을에 들어간 적이 있었다.[44] 바닷가인 데다 기온은 높았고 태양은 쨍쨍 내리쬐고 있었는데, 우리 몸에서 나는 역겨운 냄새는 누구라도 코를 움켜쥐고 도망갈 정도였다. 그러나 우리의 후각은 이런 생활에 완전히 동화되어 있었다. 게릴라들의 해먹은 냄새를 통해 누구 것인지 알 수 있을 정도였다.

이런 상황에서도 야영할 때는 쉽게 일어날 수 있어야 하며 절대로 눈에 보이는 흔적을 남겨선 안 된다. 철저하게 경계해야 한다. 열 명이 취침할 때 반드시 한두 명은 보초를 서야 한다. 보초는 계속 교대해야 하며, 야영지로 들어올 수 있는 모든 입구를 완벽하게 경계해야 한다.

들에서 생활하다 보면 식사 준비를 위한 여러 기술을 절로 익히게 된다. 식사 준비를 빠르게 할 수 있는 기술, 산에서 구할 수 있는 별것 아닌 것을 가지고 맛 내는 기술, 식물 뿌리, 알곡, 소금, 식용유, 그리고 버터 한 조각에 가끔 얻을 수 있는 고기 한 조각을 넣어 게릴라들의 식사 메뉴를 다양하게 해줄 수 있는 새로운 음식을 개발하는 기술 등을 익히게 된다. 이는 열대지방에서 작전을 수행하는 부대라면 어디에서나 볼 수 있는 광경이다.

---

[43] -1. "여기 마지막 두 줄을 지울 것." -2. 영어판에는 다음과 같은 글이 추가되어 있다: "다른 것과 마찬가지로 이것 역시 개인의 성향에 따라 달라질 수 있다." [44] 자세한 내용은 《혁명전쟁 회고록》에 실린 '엘 우베로 전투(El combate del Uvero)' 부분을 참고하라 (Melbourne & New York: Ocean Press, 2006, pp. 83-93). ─스페인어판 주석

전투 수행 중에 영위하는 생활 속에서 모든 대원을 폭발적으로 즐겁게 해주는 것, 다시 원기를 되찾아 행군할 수 있게 해주는 것, 가장 우리를 흥분시키는 것은 전투이다. 게릴라들이 느끼기에 삶의 절정이라고 할 수 있는 전투는 대체로 시의적절한 때에 일어나기 마련이다. 마치 전멸당하고 싶은 듯이 보이는 허술한 적의 캠프가 위치를 드러내거나 우연히 발견될 때, 혹은 적의 부대가 해방군이 점령한 곳을 향해 일직선으로 진격해 올 때 전투가 일어난다. 하지만 이 두 경우는 각각 성격이 다르다.

적의 캠프와 맞닥뜨렸을 때, 작전은 좀 더 넓은 범위에서 펼쳐야 하며, 가장 기본적으로 해야 하는 일은 포위를 벗어나려는 부대원을 사냥하는 것이다. 하지만 게릴라 부대로선, 참호를 파고 깊숙이 숨은 적군은 좋은 사냥감이 아니다. 행군 중이거나, 지형에 대해 무지하거나, 신경이 지나치게 예민해져 있거나, 은근히 겁을 먹었거나, 자연이 제공하는 방어막이 없는 경우가 이상적인 먹잇감이라고 할 수 있다. 적이 기습 공격을 분쇄할 강력한 무기를 가지고 몸을 숨긴 채 방어에 나서는 그리 유쾌하지 못한 상황과, 두어 곳에서 동시에 기습당해 사분오열된 채 길게 늘어선 부대를 공격하는 기분 좋은 상황이 똑같을 수는 없다. 후자의 경우 기습 공격을 가한 게릴라 대원들은 얼마든지 포위 공격을 하다가 적을 완전히 섬멸할 수 없다는 생각이 들면 반격이 시작되기 전에 얼른 퇴각하면 된다.

배고픔과 목마름을 이용하여 적을 괴멸시킬 수 없다면, 혹은 캠프 안에서 참호를 파고 숨은 적들을 직접 공격해서 괴멸시킬 수 없다면, 포위를 통해 적당히 파괴하고 괴롭힌 다음 재빨리 퇴각해야 한다. 게릴라보다 적군의 전력이 강한 경우에는, 응당 적의 전초부대에 공격을 집중하는 전술을 선택해야 한다. 최종적인 결과가 어떻게 나오든 간에 일단 전초부대에 두세 차례 타격을 가해 전초에 섰던 사람들이 죽었다는 소문이 계속해서 퍼지면 적군 중에선 최일선에 서지 않으려고 반기를 드는 사람까지 나올 수 있다. 물론 적군의 다른 지점을 타격할 수도 있지만 이러한 이유 때문에라도 언제나 전초부대를 공격하는 것이 바람직하다.

쉽게 임무를 달성할 수 있는지, 그리고 쉽게 환경에 적응할 수 있는지는 대부분 게릴라 대원이 보유한 장비에 달려있다. 게릴라 대원 한 사람 한 사람은 작전 수행을 위한 부대 단위인 소집단에 속한 경우에도 개인이라는 특성을 가진다. 그러므로 배낭에는 얼마 동안 혼자 떨어져 있어도 살아남는 데 필요한 물건이 들어있어야 하며, 평상시 사용할 해먹과 방수포 등의 쉼터용 장비[45]도 반드시 넣어놔야 한다.

필요한 장비 목록을 줄 때는, 전쟁 초기 상황에서 비가 자주 내리고 굴곡이 심한 지형에 배치되었을 때 개인이 반드시 지녀야 할 것을 포함해야 한다. 이런 곳은 상대적으로 더 추울 수 있으며 적에게 추격당할 수도 있다. 이를테면 쿠바 해방전쟁 초기 상황에 준하여 준비해야 한다.

---

[45] 스페인어판에는 "casa(집)"으로, 영어판에는 "shelter(쉼터)"로 표기되어 있는데, 그 의미를 살려 "해먹과 방수포 등의 쉼터용 장비"로 옮겼다.

게릴라 장비는 기본적인 것과 부수적인 것으로 나눌 수 있다. 첫 번째 기본적인 것에는 반드시 적절한 휴식을 보장할 수 있는 해먹이 들어가야 한다. 언제나 해먹을 걸 수 있는 나무 두 그루가 있는지 살펴야 하는데, 노천에서 자야 할 때 해먹은 매트리스 역할을 할 수 있다. 비가 오거나 땅이 젖어있는 데서 잠을 자야 하는 상황은 습기가 많은 지역의 산지에서 작전을 펼칠 때 자주 맞닥뜨릴 수밖에 없는 현실이다. 이때 해먹은 필수적이며, 나일론으로 된 방수포가 부가적인 장비로 추가되어야 한다. 방수포는 각각의 모서리에 끈을 달고 네 군데에 묶었을 때 해먹을 충분히 가릴 정도의 넓이를 가진 나일론 천을 활용하면 된다. 방수포의 가운데를 가로지르는 긴 끈은 해먹을 묶은 나무 두 그루에 함께 묶어야 한다. 이 끈은 물이 양쪽으로 떨어지게 하는 역할을 한다. 그런 다음 네 모서리에 달린 끈을 주변의 나무에 묶으면 야영지에서의 천막 역할을 훌륭히 해낼 수 있다.

산에서는 저녁만 되면 기온이 급격하게 떨어지기 때문에 모포는 필수다. 그리고 기온의 극단적인 변화에 대비할 수 있는 방한복도 필요하다. 군복은 군용이든 아니든 상관없지만, 투박하고 질긴 작업복 바지와 셔츠로 구성되어야 한다. 가능하면 군화는 잘 맞는 것이어야 하며, 한 켤레 정도는 반드시 예비로 가지고 있어야 한다. 군화가 없으면 행군 자체가 어렵다.

게릴라 요원은 배낭에 잠을 잘 집을 담아 메고 다녀야 하므로 배낭은 정말 중요하다. 가장 원시적인 배낭은 어떤 자루든지 이용해서 만들 수 있는데, 자루에 끈으로 된 두 개의 손잡이만 달면 된

## 나일론 방수포로 지붕을 씌운 해먹[46]

[46] 삽화는 게릴라 대원이었던 에르난도 로페스 중위가 그린 것이다. 그는 혁명을 완수한 다음에도 1965년 체 게바라가 콩고로 출국할 때까지 체의 휘하에 있었다. 그가 그린 그림 중에는 역사적인 가치를 지닌 것도 있는데, 1960년과 그 이후까지도 상관이었던 체 게바라의 서명과 함께 쿠바 국립은행이 발행한 지폐 도안으로 사용되기도 했다. 여기에 수록된 삽화도 체의 서명과 함께 사용되었다. —스페인어판 주석

다. 그러나 가축에 필요한 도구를 만드는 사람들이 이용하는 질긴 천으로 만들거나 시장에서 구하는 것이 더 바람직하다. 또한 게릴라는 전체 부대가 가지고 다니는 것 말고도 휴식할 때 간단히 먹을 수 있는 개인용 먹거리를 조금씩은 가지고 다녀야 한다. 필수 식량은 다음과 같다. 먼저, 동물성 지방질이 필요할 때 섭취할 수 있는 것으로 가장 중요한 버터나 식용유를 들 수 있다. 통조림은, 실질적으로 조리에 필요한 식자재를 조달할 가능성이 거의 없는 상황이거나 캔이 너무 많아 무게 때문에 행군에 방해가 될 때를 제외하고는 소비하지 않도록 한다. 열량과 영양분이 많은 절인 생선, 특히 고농도 당분이 함유된 연유, 맛이 좋은 분유 등은 가지고 다녀도 좋다. 설탕 또한 반드시 갖춰야 할 품목이고, 소금도 마찬가지이다. 소금이 없으면 생활이 어려울 수밖에 없다. 여기에 요리에 필요한 향신료 역할을 하는 몇 가지를 더해야 하는데, 가장 보편적인 것은 양파와 마늘이다. 각국의 특성에 따라 다른 것도 있을 수 있다. 이것으로 가장 기본적인 품목을 다룬 이번 장은 여기서 잠시 접기로 하자.

이 밖에도 게릴라 대원은 접시와 숟가락 그리고 여러 가지로 활용할 수 있는 등산용 나이프를 언제나 지니고 다녀야 한다. 접시는 작은 냄비, 군용 코펠 등을 활용할 수 있는데, 여기에 냉동된 고기부터 감자나 토란까지 요리할 수 있고, 가끔은 차나 커피를 내리는 데 사용할 수도 있다.

소총을 잘 손질하려면 특수한 기름 즉 반고체 상태의 윤활유인 그리스(grease)가 필요한데, 이는 아주 세심하게 공을 들여 관리해야 한다. 이런 기름이 없을 때의 대체품으로는 재봉틀에 사용하는 윤활유 종류가 좋다. 부인용 솔이나 그 밖의 옷감도 총기의 외부를 닦고 관리하는 데 유용하다. 총구 안쪽은 꽂을대를 사용해서 자주 손질해 줘야 한다. 탄띠는 표준 규격으로 제조해야 한다. 물론 내부에서 만들 수도 있지만, 단 한 발의 총탄도 잃지 않으려면 품질이 좋은 제품을 사용해야 한다. 전쟁에서 총탄은 기본 중의 기본이다. 총탄이 없으면 그 어떤 것도 쓸모가 없다. 따라서 총탄은 황금같이 다루어야 한다.

수통이나 큼지막한 물통도 가지고 다녀야 한다. 물을 충분히 마시는 것이야말로 정말 중요하기 때문이다. 물은 원한다고 언제나 구할 수 있는 것이 아니다. 의약품 중에 가장 일반적으로 널리 사용할 수 있는 것은 경구용 페니실린이나 항바이러스제로, 잘 포장해서 갈무리해야 한다. 아스피린과 같은 해열 진통제와 풍토병 치료용 의약품도 필수다. 말라리아 치료제, 이질 치료를 위한 설파제, 다양한 기생충 박멸에 사용할 수 있는 구충제, 마지막으로 지역적 특성에 맞춘 약도 갖춰야 한다. 독을 가진 동물이 사는 지역에서는 이에 맞는 혈청도 가지고 다니는 것이 좋다. 여타의 필수 의료 장비에는 외과용 장비도 포함된다. 그 외에 그다지 심각하지 않은 병이나 부상을 치료하기 위한 가벼운 개인용 응급의약품 세트도 있어야 한다.

일상생활에 필요한 보조적 성격의 제품이지만 게릴라 생활에 없어서는 안 될 중요한 것으로는 담배, 여송연 혹은 파이프용 연초 등을 들 수 있다. 휴식을 취할 때, 담배를 피우는 것은 외롭고 고독한 게릴라 대원들에겐 정말 소중한 친구 역할을 대신한다. 파이프는 담배가 떨어졌을 때 담배꽁초나 여송연 남은 것을 최대한으로 활용할 수 있게 도와주기 때문에 매우 유용하다. 성냥 또한 담배에 불을 붙일 때뿐만 아니라 불을 피우기 위해서도 정말 중요한 물건이다. 특히 우기에 산악 생활을 할 때 불 피우기는 심각한 문제를 야기할 수 있다. 따라서 반드시 성냥과 라이터를 동시에 가지고 다니는 것이 바람직한데, 라이터에 가스가 떨어지면 성냥으로 대체할 수 있다.

비누도 가지고 다니는 것이 좋다. 개인적인 청결을 위해서도 필요하지만, 그릇을 씻는 데도 유용하다. 장에 바이러스가 침투하거나 염증이 생기는 경우가 많은데, 대부분 상한 음식을 더러운 그릇에 담아 먹는 것이 원인이다. 게릴라 대원은 앞에서 기술한 모든 장비를 갖춤으로써 어떤 악조건에서라도 산중 생활을 안전하게 버텨야 한다. 아무리 나쁜 조건이라도 상황에 대처하면서 필요한 시간만큼 버틸 수 있어야 한다.

때로는 유용하지만 가끔은 방해가 되는 부차적인 물품도 있다. 그러나 그런 물품도 일반적으로는 상당히 유용한 것이 대부분이다. 그 대표적인 것 중의 하나가 나침반이다. 어떤 지역에 처음 갔을 때는 방향을 잡기 위한 장비로 정말 유용하다. 하지만 점차 지형에 익숙해지면 이것은 별 필요가 없다. 더욱이 산악 지형에서는 사용이 어려울 수도 있다. 가리키는 방향이 한 장소에서 다른 장소로 이동하는 데 가장 이상적이지 않은 경우도 많다. 예컨대 넘기 어려운 장애물이 직선 방향을 가로막고 있는 경우가 많다. 기타 유용한 물건으로는 여분의 나일론 천을 들 수 있는데, 우기에 장비를 덮는 데 유용하다. 열대지방에 있는 나라에서는 몇 달씩 우기가 계속될 수 있고, 게릴라 대원이라면 반드시 가지고 다녀야 할 필수 장비, 예컨대 식량, 무기, 약, 종이, 의복 등에는 비가 치명적일 수밖에 없다는 점을 반드시 기억해야 한다.

갈아입을 여분의 옷도 가지고 다닐 수 있지만, 일반적으론 신병(新兵)만 가지고 다닌다. 최대한으로 바지 하나 정도 더 가지고 다니는 것이 보편적이다. 내복이나 수건 같은 것도 과감히 빼야 한다. 게릴라 생활을 하다 보면 배낭을 운반하는 데 필요한 에너지를 절약하는 것이 얼마나 절실한지 잘 알게 된다. 그래서 필수적인 것이 아니라면 빼버리는 것이다.

개인 청결과 소지품의 세척을 위한 비누와 칫솔, 치약은 위생 관리를 위한 예비품이다. 책을 가지고 다니는 것도 좋은데, 대원들이 서로 돌려 볼 수 있다. 특히 국가가 자랑하는 영웅의 전기나 역사, 경제, 지리 등을 다루는 책이 바람직하다. 책은 게릴라 전사들의 문화 수준을 높일 수 있을 뿐만 아니라, 게릴라 생활 중에 쓸데없이 시간만 소모하게 되는 게임과 오락을 줄일 수 있다.

식량 보급에 유리한 조건을 갖추고 있는 지역이 아닌 경우에는, 배낭에 공간이 있으면 먹을 것으로 채워야 한다. 맛으로 먹는 간식이나, 기본 식량에 보충재 역할을 하는 음식처럼 중요성은 좀 떨어지는 먹을거리도 가지고 다닐 수 있다. 꽤 공간을 차지하지만 부서지면 가루가 되어버리는 비스킷이 좋은 예가 될 수 있다. 나무가 우거진 산악에서는 정글도(刀)를 가지고 다니는 것이 좋다. 습기가 많은 곳에서는 휘발유 병을 소지하거나, 땔감이 젖어있더라도 언제든 불을 피울 수 있는 소나무처럼 수지가 많은 나무토막을 모을 수 있어야 한다.

수첩 또한 게릴라들이 일상생활에서 사용하는 보조적 성격의 물품이다. 정보를 기록할 때, 외부에 편지를 쓸 때, 다른 게릴라 부대와 연락을 주고받을 때 사용할 수 있다. 당연히 연필과 펜도 필요하다. 다양한 용도로 사용할 수 있는 끈이나 굵은 밧줄은 언제나 일정량 가지고 다녀야 한다. 이 밖에도 바늘과 실 그리고 옷에 달 단추 등도 있어야 한다. 이런 장비를 모두 짊어지고 다녀야 하는 게릴라는 등에 엄청난 무게의 짐을 단단하게 지고 다니는 셈이다. 하지만 이러한 장비 덕분에 계속되는 야영이라는 엄혹한 생활 속에서도 비교적 편안함을 느낄 수 있다.

## ③ 게릴라 부대의 조직

게릴라 부대의 조직은 엄격한 도식을 따를 수 없으며, 어떤 환경에서 게릴라전을 펼칠 것인지에 따라 달라지기 때문에 수를 헤아리기 어려울 정도의 엄청나게 많은 변형이 존재한다. 우리로서는 쿠바에서의 경험이 설명하기 쉽고 편리하기에, 쿠바의 경우가 보편적인 가치를 지닌다고 생각하고 싶다. 그러나 경험을 대중화시킬 때엔 언제나 명심해야 할 점이 있다. 무장항쟁 부대의 특성에 따라 좀 더 잘 맞는 새로운 방법이 있을 수 있다는 가능성을 받아

들여야 한다는 것이다.

게릴라 부대의 인원 구성은 하나로 규정하기가 매우 어렵다. 이미 앞에서 설명했듯이 다양한 인원에 다양한 부대 구성이 가능하다. 유리한 산악 지형에 자리 잡아 그다지 열악하지 않은 조건에서 활동하는 부대가 있다고 가정해 보자. 작전 기지로 최상의 조건은 아니지만, 끝없이 도망 다닐 생각은 하지 않아도 될 정도의 부대를 상상하면 된다. 그런 곳에 자리 잡은 무장 전투부대 단위의 병력은 150명이 넘어서는 안 된다. 사실 150명도 너무 많다. 가장 이상적인 것은 100여 명으로 구성된 부대이다. 이 정도면 쿠바군 계급 구조를 가진 단일 부대를 만들어 한 명의 지휘관이 지휘할 수 있다. 그러나 우리가 수행할 전쟁에선 독재를 떠올리게 하는 병장이나 하사는 없애는 것이 바람직하다는 것을 잊지 말자.

이런 전제에서 출발한다면 지역 사령관은 100~150명의 전체 부대를 지휘 통솔한다. 30~40명으로 구성된 중대급의 소규모 부대를 이끄는 대위는 여러 명 있을 수 있다. 대위는 휘하 부대의 지휘와 단결을 책임지며, 언제나 부대원들과 함께 전투해야 한다. 그리고 분배와 전반적인 부대 조직까지 책임을 져야 한다. 게릴라전에서 기능에 따라 조직하는 기본 부대 단위는 소대라고 할 수 있다. 8명에서 12명으로 이루어진 각각의 소대를 지휘할 중위는 소대 내에서는 부대장인 대위와 유사한 역할을 수행하지만, 상관인 대위에게는 절대복종해야 한다.[47]

---

[47] 쿠바 혁명군의 편제는 우리와 상당히 다르다.

소규모 부대 단위로 움직이는 게릴라들의 작전 성향으로 미루어 봤을 때, 기본 단위는 반드시 소대가 맡아야 하며, 이때 8명이나 10명 정도가 일사불란하게 움직일 수 있는 인원의 최대치이다. 특별한 상황이 아니라면 대부분 같은 전선에서 전투하지만, 일반적으로는 부대장인 대위보다는 직속 상관의 명령에 따라 움직여야 한다. 단위 부대를 지나치게 작은 규모의 부대로 나눠 전투가 없는데도 소규모로 부대를 유지하는 짓은 하지 말아야 한다. 각각의 소대나 분대(pelotón)에서 최선임자가 사망했을 경우에는 당장 후임을 임명해야 하는데, 후임자는 당장 새로운 직무를 맡아 수행할 수 있을 정도로 충분히 훈련받은 사람이어야 한다.

게릴라 부대의 가장 기본적인 문제는 식사인데, 가장 말단 병사부터 지역 사령관까지 똑같은 대접을 받아야 한다. 식사가 부실하면 만성적인 영양 부족을 초래할 수 있을 뿐만 아니라, 일상에서 일어나는 사고의 대부분이 분배에서 비롯되기 때문에라도 매우 중요할 수밖에 없다. 정의에 민감한 사람들일수록 배급량에 비판적인 시각을 가질 수밖에 없다. 따라서 특정인에게만 호의적으로 분배해서는 절대 안 된다. 어떤 상황에서든 식량을 나눠줘야 한다면 올바른 질서를 세워 엄정하게 분배해야 한다. 모든 사람에게 나눠주는 식사의 양과 질은 반드시 일정해야 한다. 하지만 의복 분배는 문제가 조금 다르다. 이는 개인적으로 사용할 물품이다. 이 경우 다음 두 가지에 중점을 두어야 한다. 첫째는 수요자들이 요구하는 양은 언제나 분배할 수 있는 양을 초과한다는 점이고, 둘째는 전투에 투입되는 시기와 각 개인이 세운 공로이다. 시기와 공로에 따른 시스템은 정확하게 따져서 정하기가 매우 어렵지만, 이를 책임진 사람이 정한 특별한 틀에 맞춰 실행해야 한다. 다만 부대장의 직접적인 검열을 받아야 한다. 가끔 공급할 수 있기는 한데 전체가 공용으로 사용하는 것이 아닌 품목도 같은 방법으로 정확하게 나눠야 한다. 특히 담배와 여송연은 모든 사람에게 똑같이 보편적인 규범에 따라 분배해야 한다.

보급은 이를 맡아서 할 전문가가 있어야 하며, 지역 사령부 직속에 두는 것이 바람직하다. 지역 사령부는 타 부대와의 연락과 같은 아주 중요한 행정 업무뿐만 아니라, 일상적인 것은 아니지만 반드시 해야 할 여타 업무도 함께 수행해야 한다. 고급 정보를 취급하는 장교들은 여기에서 근무해야 한다. 그리고 이곳의 병사들은 다수를 위해 일한다는 희생정신을 가지고 늘 긴장해야 한다. 다른 사람에 비해 요구 사항은 훨씬 더 많지만, 그렇다고 식사를 할 때 특별 대우를 받을 권리는 없다.

게릴라 대원은 각자 개인 장비뿐만 아니라 전 부대원이 함께 사용할 중요한 공용 물품도 가지고 다녀야 한다. 이 또한 두 가지 원칙에 맞춰 공평하게 나눠야 하는데, 이때 원칙은 부대에 속한 비무장 대원의 인원에 달려있다. 우선 첫 번째 원칙은 약, 외과용 장비, 치과용 장비, 여분의 식량, 피복, 여타 일상적인 도구, 중화기 등과 같은 모든 물품을 공평하게 모든 대원에게 나눠주고 각자 맡은 물건들을 책임지고 잘 갈무리하게 해야 한다. 대위는 각 소대에 물건들을 분배하고 이를 건네받은 소대장은 다시 휘하의 병사들에게 나눠줘야 한다. 전 부대원이 다 무장을 해야 하는 경우가 아니라면, 이러한 물품만 전적으로 가지고 다니는 별도의 소대나 분대를 만드는 방법도 있다. 병사들에게 너무 많은 짐을 지우지 않아도 되므로 이 방법이 더 좋긴 하다. 비무장 대원들은 아무래도 짊어져야 할 배낭의 무게로부터 자유롭고, 총기를 책임지지 않아도 되기 때문이다. 이런 방법을 사용하면 물품을 분실할 위험이 조금은 줄어든다. 즉 좀 더 집중적으로 관리할 수 있고, 운반을 책임진 사람들에게는 물품을 더 많이 더 잘 운반하려는 열정을 갖게 할 동기를 부여할 수 있다. 예컨대 머지않은 미래에 무기를 들 수 있는 특권을 포상으로 받을 수 있기 때문이다. 물품을 운반하는 대원은 맨 마지막 줄에서 행군하지만, 의무와 대우는 여타 부대원과 조금도 다르지 않아야 한다.

부대 내에서 맡아야 할 과제는 부대가 맡은 임무에 따라 달라진다. 만일 부대가 캠프에 속해있으면 경비를 맡을 별도의 팀이 있어야 하며, 이들은 경험이 많고 훈련이 잘 되어있어야 한다. 그리고 이런 임무 수행에 대해서는 확실한 보상이 주어져야 하는데, 일반적으로 이런 부대에는 특별히 독립적 성격을 부여한다. 또한 전체 부대원들에게 각자의 몫을 다 나눠준 후에도 여분의 사탕이나 담배가 있으면 이러한 특수 임무를 수행한 부대에 나눠줘야 한다. 예를 들어 대원은 100명인데 담배가 115갑이 있다고 하면, 여분의 15갑을 이 대원들에게 더 나눠주는 것이다. 다른 대원들과 완벽하게 분리 구성된 전위와 후위 부대가 경계 임무를 책임져야 하며, 이에 속한 분대원들 역시 각자 자기가 맡은 바 경계 임무를 철저히 수행해야 한다. 이때 캠프에서 멀리 떨어진 곳에서 경계 근무를 설 수 있다면, 다시 말해 탁 트인 개활지에서 경계 근무를 할 수 있다면 부대를 더 안전하게 보호할 수 있을 것이다.

즉 경계 임무를 수행할 때에는 주간에는 넓은 지역을 살필 수 있는 곳을, 야간에는 적의 접근이 어려운, 높은 곳에 있는 장소를 선택해야 한다. 며칠씩 이동하지 않고 제자리를 지키고 있는 경우, 적이 공격해 와도 화력을 유지할 수 있는 방어진지를 구축하는 것이 좋다. 방어진지에서 퇴각하거나, 이제는 부대로 통하는 길을 은폐할 필요가 없어 방어진지를 버려도 될 때는 이를 철저하게 파괴해야 한다.

영구적인 캠프를 건설한 곳에서는 방어진지를 지속적으로 개선하여 완벽하게 만들어나가야 한다. 게릴라들이 세심한 주의를 기울여 선택한 산악 지형에서 유일하게 효과가 있는 중화기는 박격포이다. 목재나 돌과 같이 그 지역에서 구할 수 있는 재료를 이용하여 지붕을 만들어 덮으면 적이 접근하기 어려운 멋진 요새를 만들 수 있고, 곡사포 공격도 막아낼 수 있다.

부대 내에서는 규율을 지키는 것이 매우 중요하다. 규율은 일정 부분 교육적인 성격을 띨 수밖에 없는데, 대원들이 정해진 시간에 취침했다가 기상하는 습관을 들이도록 해야 한다. 별다른 사회적 기능도 없으면서 부대의 사기만 떨어뜨릴 수 있는 도박 따위에 빠지게 해선 안 될 뿐만 아니라, 알코올이 함유된 음료 섭취도 강력하게 규제해야 한다. 이런 임무는 내부 감찰 위원회가 맡아야 하는데, 위원은 강한 혁명성을 가진 대원 중에서 선발해야 한다. 이들은 멀리서 보일 수 있는 곳에서 불을 피우는 것과 어두워지지도 않았는데 연기 피우는 것을 막는 일도 해야 한다. 그리고 게릴라가 특정 장소에 머물렀다는 사실을 완벽한 기밀로 유지해야 할 경우, 부대가 캠프를 떠날 때 완벽하게 뒤처리를 했는지 감독해야 한다.

모닥불은 흔적이 아주 오래 남기 때문에 특별히 조심해야 하는데, 흙으로 완전하게 덮어야 한다. 종이와 통조림, 먹은 음식물 찌꺼기 등은 깨끗이 파묻어야 한다. 행군하는 동안에는 부대원들 모두 입을 꼭 다물어야 한다. 명령은 몸짓이나 휘파람 소리로 전달하고, 입에서 입으로 이어지는 작은 소리를 통해 마지막 사람에게 전해야 한다. 만일 게릴라 부대가 잘 모르는 곳에 들어서서 조심스레 길을 열어나가야 할 때나 안내인의 도움을 받아 행군할 때에는, 지형의 특성에 따라 전초가 100~200미터 정도 앞서가야 한다. 선발대가 어디로 갔는지 진행 방향을 헷갈릴 가능성이 있는 곳에서는 갈림길마다 후발대를 위해 한 명 정도는 남겨두어야 한다. 맨 마지막 후위가 도착할 때까지 이런 식으로 전진하면 된다. 후위 또한 여타 부대원들과 좀 떨어져 뒤쪽을 경계하면서 가야 하는데, 부대가 지나간 흔적은 최대한 지워야 한다. 위험할 수 있는 곳으로 도로가 나있다면, 몇 명씩 그룹 단위로 교대해 가면서 마지막 사람이 지나갈 때까지 계속해서 그 도로를 감시해야 한다. 여기에서 그룹으로는 일 개 분대 정도를 활용하는 것이 가장 실용적이다. 각 분대는 다음 분대에 그 자리를 넘겨주고 다시 자기 위치로 돌아가면 된다. 이런 식으로 전 부대원이 다 통과할 때까지 반복해야 한다.

행군할 때는 통일성과 잘 짜인 질서가 유지될 수 있도록 언제나 차례를 잘 지켜야 한다. 1분대가 전초 역할을 하고 2분대가 그 뒤를 따르면, 중간에 있는 3분대에 지휘부가 따르고, 그 뒤에 4분대가 가고, 마지막으로 후위를 맡은 5분대가 나아가야 한다. 물론 분대가 더 있다면 차례로 뒤를 따르면 되는데, 언제나 엄정하게 질서를 유지해야 한다. 야간 행군의 경우 입을 다무는 것이 가장 중요하며, 각 대원 간의 간격을 좁혀 길을 잃지 않도록 한다. 발각당할 위험이 있으므로 소리를 내거나 불빛을 내는 것은 부득이한 경우로 제한해야 한다. 저녁에 불빛을 내는 것은 게릴라들 처지에선 최악이다.

모든 행군의 목적은 공격이다. 미리 정해놓은 재합류 장소에 도착하면, 다시 말해 목적을 달성한 후에 다시 되돌아 재집결할 지점에 다다르면, 배낭이나 냄비처럼 지나치게 무거운 것은 일단 그곳에 벗어놓고 무기와 전투 장비만 가지고 나가야 한다. 공격 지점에 대해서는 예전부터 접촉해 온 신뢰할 만한 사람이나 사전 답사를 한 사람을 통해 적의 경비 상황과 병영 배치, 그곳을 지키는 병력 등을 미리 숙지하고 와야 한다. 최종적인 공격 계획을 수립하면 이에 따라 대원을 배치해야 하는데, 부대원 중 몇 명은 따로 떼어 적의 지원군이 오는 것을 막도록 해야 한다. 적군의 지원병이 매복이 쉬운 길로 오도록 유인하기 위해 병영을 습격했다면 공격을 시작하자마자 재빨리 지휘부에 결과를 보고해야 한다. 등 뒤에서 공격당하지 않으려면, 때에 따라선 포위를 푸는 것이 필요할 수도 있다. 적을 포위하거나 직접 공격할 때는 반드시 전투 현장으로 통하는 길을 철저하게 감시해야 한다.

밤에는 언제나 직접 공격하는 것이 더 바람직하다. 강하게 밀고 나갈 추진력과 냉정한 자세를 유지할 수 있다면, 게다가 별다른 위험도 없다면 적 캠프 점령까지도 시도해 볼 수 있다.

적을 포위한 경우에는 참호를 파고 기다리거나, 서서히 접근하면서 모든 수단을 동원해 기습 공격을 할 수 있는데, 최종적으로는 적이 집중 사격을 피해 뛰쳐나오게 만들어야 한다. 포위를 잘했을 때는 '화염병 발사기'가 효과적인 무기가 될 수 있다. 손으로 화염병을 투척하는 것으로는 도저히 목표물에 닿기가 힘들다면 특수 장치를 부착한 산탄총을 만들어 사용할 수 있다. 우리가 혁명전쟁에서 M-16이라고 명명했던 이 무기는 총열을 자른 16구경 산탄총을 이용하여 만든 것이다.

준비한 무기를 45도에 가까운 각도로 놓고, 쌍각 받침대와 개머리판을 이용해 일종의 삼각대를 형성한다. 앞쪽에 있는 쌍각 받침대를 앞뒤로 움직여 각도에 변화를 줄 수 있다. 총탄을 모두 꺼내고 탄창을 열어놓은 다음 장전해야 한다. 먼저 원통형 막대기를 총부리에 꽂는다. 그러면 이 막대기가 산탄총의 총열에서 튀어나온 모양이 되는데, 막대기는 실린더 역할을 하는 발사체이다. 막대기 끝에는 화염병을 끼워 넣을 황동제 부속을 부착한다. 부속 바닥에는 고무로 만든 완충장치가 있다. 이 무기를 이용하여 화염병을 100미터 이상 날려 보낼 수 있다. 게다가 어느 정도까지는 정확한 조준도 가능하다. 포위 공격을 할 때, 적군이 통나무 구조물이나 가연성 물질로 된 구조물을 가지고 있을 때, 그리고 힘

## '화염병 발사기'로 개조한 산탄총

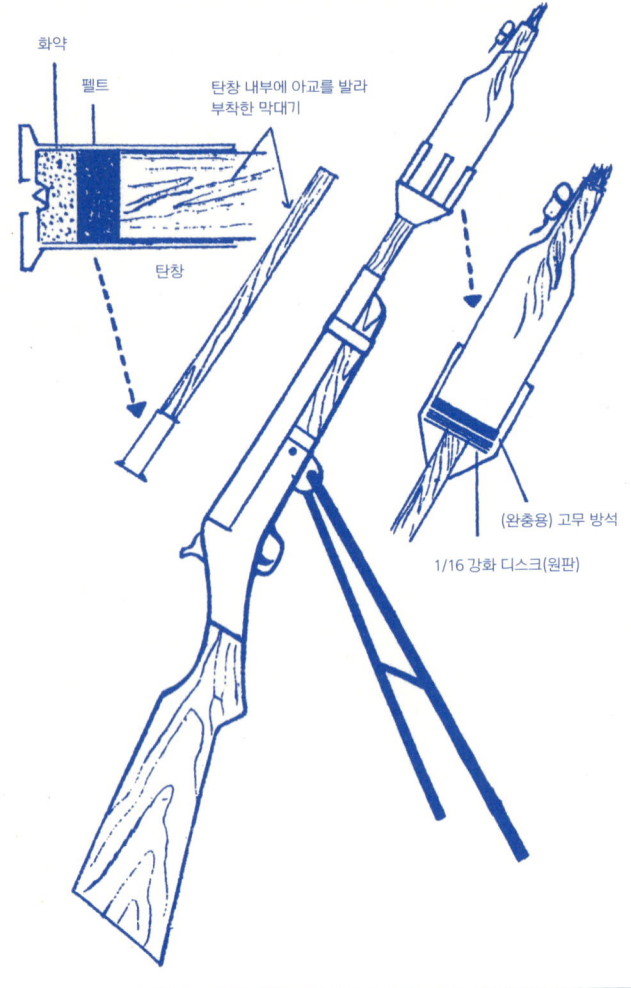

준한 지형에서 전차를 공격할 때 이상적인 무기이다.

포위가 승리로 끝났거나 목적을 달성하여 포위를 철수하면, 전 분대원은 질서 정연하게 각자 배낭이 있는 곳으로 퇴각하여 다시 정상적인 생활로 돌아간다.

게릴라들이 떠돌이 생활을 하는 동안에는 동료와의 동지애가 큰 의미를 지닌다. 그렇지만 가끔은 그룹과 그룹 사이, 분대와 분대 사이에 첨예한 경쟁의식도 필요하다. 이때 선의의 경쟁의식을 일으킬 수 있도록 방향 설정을 제대로 해야 한다. 잘못하면 오히려 전체 부대의 단합을 저해할 수 있다. 투쟁 초기 단계부터 적절한 게릴라 교육이 필요하다. 게릴라들에게 투쟁의 사회적 의미와 게릴라로서 지켜야 할 의무를 알려주는 등 정신을 맑게 하고 품성을 벼릴 수 있는 정신 교육을 해야 한다. 한 걸음 더 나아가 각자 체득한 경험은 새로운 위기 극복을 위한 무기로 만들 수 있도록 해야 한다. 생존만을 위해 사용할 형편 없는 잔기술로 만들게 해서는 안 된다.

교육에서 가장 중요한 것은 사례이다. 그러므로 대장들은 희생정신으로 무장한 정제된 삶의 모범 사례를 끊임없이 제공해야 한다. 병사의 진급은 용기와 능력, 희생정신에 달려있다. 이와 같은 요구 사항을 완벽하게 충족시키지 못하는 사람은 책임 있는 자리를 맡아서는 안 된다. 이런 사람은 언젠가 전혀 예기치 못한 사고를 칠 수 있다.

모르는 사람 집에 불쑥 들어가 뭐든지 부탁해야 할 때는 판단에 따라 행동해야 한다. 게릴라들이 서비스나 식량 등 필요한 것, 원하는 것을 요구하고 얻어내는 방식에 따라 그곳에 사는 주민은 우호적인 모습을 보일 수도 있고 비우호적인 모습을 보일 수도 있다. 대장들은 이러한 문제에 대해 아주 조심스럽게 꼼꼼히 설명해야 하며, 얼마나 중요한지 잘 알려주면서 사례를 들어 정신교육을 시켜야 한다. 마을에 진입할 때는 먼저 부대원들을 설득해 술을 마시지 못하게 해야 하며, 규율과 관련된 좋은 사례를 들어줘야 한다. 그리고 언제나 주민들이 들고 나는 것을 잘 감시해야 한다.

전투 중에 겪을 수 있는 가장 위험한 상황인 포위를 당했을 때는, 비로소 조직력, 전투력, 의협심, 게릴라 정신 등을 시험할 수 있다. 게릴라 대원의 은어 중에는 '포위당한 얼굴(cara de cerco)'이라는 말이 있다. 이는 예전에 치른 게릴라전에서 겁먹은 사람이 보여줬던 불안하고 초조한 얼굴을 의미한다. 해체된 구체제의 고관들은 자신들의 군사작전에 '포위와 섬멸'이라는 과장된 단어를 사용한다. 그러나 지형에 정통하고 이데올로기와 감정 면에서 대장들과 하나로 뭉친 게릴라 대원에게 이는 그리 어려운 문제가 아니다. 자기 몸을 보호하고, 적의 진격과 중화기를 가진 적과의 교전을 피하면 된다. 그런 다음 게릴라에겐 최고의 동지라고도 할 수 있는 밤을 기다려야 한다. 날이 어두워지면 최대한 소리를 죽인 채, 최선의 탈출 방법과 가장 좋은 탈출로를 탐색하고 선택한 다음 그길로 빠져나가면 된다. 절대로 소리를 내선 안 된다는 것은 명심 또 명심해야 한다. 적당한 조건만 충족된다면 밤에 포위를 뚫고 탈출하고자 하는 사람들을 저지하기는 매우 어렵다.

# ④ 전투

전투는 게릴라 생활에서 가장 중요한 드라마이다. 하지만 전투는 전체 전개 과정에서 본다면 아주 짧은 순간에 불과하다. 그러나 별빛처럼 찬란한 이 순간이야말로 최고로 중요하다고 할 수 있다. 게릴라 전사에게는 적과의 소소한 조우 하나하나가 가장 기본적인 성격을 띤 전투인 셈이다.

이미 앞에서 지적했듯이, 공격은 반드시 승리가 보장된 방법으로 해야 한다. 우리는 게릴라전에서 공격의 전술적 기능과 그 보편적인 특징에 더해, 각각의 작전에서 나타날 수 있는 다양한 특성도 알아야 한다. 상술하기에 앞서, 적절한 지형에서의 항쟁 형태를 택해야 한다. 이는 게릴라전의 기본 모델인데, 문제 해결을 위해서는 언제나 실전 경험에 앞서 몇 가지 기본 원칙이 필요한 법이기 때문이다. 언제든 평지 전투를 한다는 것은 게릴라 부대가 충분히 힘을 갖춘 다음 진격함에 따라 나온 결과물이자 환경이 만들어낸 조건의 산물이다. 또한 게릴라전을 수행하는 사람의 경험이 늘어나 그 경험을 유리하게 활용할 수 있다는 것을 의미한다.

게릴라전 초기 단계에서는 적군이 반란을 일으킨 게릴라들의 거점으로 강하게 밀고 들어올 텐데, 게릴라는 적의 군사력에 따라 두 가지 유형으로 맞서야 한다. 첫째는, 몇 달에 걸쳐 조직적으로 적이 공격력을 잃도록 유도하는 것이다. 가장 먼저 적의 전초부대를 목표로 실행에 옮겨야 한다. 불리한 지형에서 진격해야 하는 부대는 측면 방어 능력을 충분하게 갖출 수 없기 때문에 언제나 전초부대가 필요하다. 게릴라들이 있는 곳으로 침투해 오는 과정에서는 전초부대가 목숨을 내걸어야지만 나머지 부대원들의 생명을 구할 수 있는 법이다. 충분한 병력도 없고 지원병력도 고려할 수 없는 데다가 적군이 강하기까지 하다면 언제나 전초부대를 먼저 섬멸하기 위해 노력해야 한다. 시스템은 간단하지만 약간의 협력은 필요하다. 미리 잘 살펴놓은 곳에—가능하면 가장 험한 곳에—적의 전초부대가 나타나면 몇 사람 정도는 통과시킨 다음 일제히 화력을 쏟아부어 전멸시켜야 한다. 그런 다음, 동료들이 무기, 탄약, 군용 장비 등을 수거하는 동안 나머지 대원은 적의 후발부대가 공격해 오는 것을 저지해야 한다. 게릴라들은 언제나 자신의 무기 공급원이 적군이라는 사실을, 따라서 특별한 경우를 제외하고 무기 획득과 관계가 없는 전투는 해선 안 된다는 것을 명심해야 한다.

게릴라가 보유한 힘이 적군의 포위를 허용할 수밖에 없는 정도라면 적은 당연히 강하게 포위한 다음 압박해 오거나, 최소한 포위했다는 인상이라도 주려고 노력할 것이다. 이런 경우 최전선에 있는 게릴라 대원은 강력한 방어진지를 구축하고, 적군의 공격력과 사기를 잘 계산하여 정면으로 밀고 들어오는 적의 공격을 막아낼 수 있어야 한다. 특정 지점에서 적의 공격을 차단하고, 후방에 있던 게릴라가 적의 배후를 공격해야 한다. 게릴라 진지는 측면으로 치고 들어오는 것 자체가 쉽지 않은 곳이라는 점을 높이 평가해 고른 곳이기 때문에, 저격에 능한 게릴라들이라면 수적으로 8배에서 10배 정도 우위에 있는 적군에 맞서 버틸 수 있다. 이때 혹시 남는 병력이 있으면, 매복을 통해 적의 지원군이 오는 것을 막는 등 모든 도로를 통제할 수 있어야 한다. 포위 공격은 시간이 지나면, 특히 저녁이 되면 결국 끝이 날 것이다. 게릴라는 전투가 벌어지는 곳의 지형을 세세히 알고 있으나 적군은 잘 모른다. 따라서 게릴라는 저녁이 되면 사기가 오르지만, 적은 오히려 어둠으로 인해 두려움이 커지는 것을 볼 수 있다.

이런 식으로 대응하면 부대 하나 정도는 어렵지 않게 전멸시킬 수 있거나 적어도 상당한 피해를 입혀 다시 전장에 뛰어들지 못하도록 막을 수 있고, 부대를 재편성하는 데 시간이 필요하게 만들 수 있다.

게릴라는 병력이 그리 많지 않지 않기 때문에, 무슨 수를 써서든 적의 진격을 늦추거나 무력화시키고 싶다면 소총수를 2명에서 10명 정도로 나눠 몰려오는 적군 부대를 에워싸고 사방에서 사격해야 한다. 예를 들어 오른쪽 측면에서 먼저 전투가 시작되었다면 적도 오른쪽으로 화력을 집중하게 된다. 이렇게 적의 화력이 한 방향에 집중되면 이번에는 왼쪽에서 사격을 시작한다. 한 번은 뒤쪽에서, 한 번은 앞쪽에서, 돌아가면서 공격을 하면 된다.

그렇게 하면 탄약을 최소한으로 사용하면서도 계속 위협을 가할 수 있다.

적의 진지나 수송 차량에 대한 공격 전술은 전투 장소로 선택한 곳의 상황에 맞춰야 한다. 전초와 같은 곳을 밤에 포위 공격하려면 보편적으로는 기습 공격이 가장 바람직하다는 것을 명심해야 한다. 훈련이 잘 된 정예 특공대가 기습 공격을 한다면 기습의 장점을 살려 아주 쉽게 진지를 파괴할 수 있다. 철저하게 포위한 경우엔 단 몇 명만으로도 탈출로를 확실히 통제할 수 있는데, 매복해서 지키면 된다. 한 사람이 뚫려 그곳에서 물러나거나 철수하더라도 두 번째 사람이 남아 지키는 식으로 배치하여 계속 이어가며 지키면 된다. 기습 공격을 할 수 없는 곳에서 적의 캠프를 성공적으로 점령할 수 있느냐 없느냐는 적군을 돕기 위해 달려오는 지원군을 포위 공격하는 부대가 자체 군사력으로 얼마나 지원군의 반격을 지연시킬 수 있는지에 달려있다. 대부분의 경우 적의 지원군은 포병이다. 예컨대 박격포나 비행기를 동원한 폭격이 동원될 수도 있고 경우에 따라선 전차까지 활용하기도 한다. 다만 게릴라에게 유리한 지형에서라면 전차는 그다지 위험하지 않은 무기이다. 좁은 길을 통과해야 하므로 다이너마이트의 제물이 되기 쉽다. 일반적으로 대형을 지어 이동하는 이런 유의 차량은 게릴라들에게 유리한 지형에서는 그 공격력이 무용하거나 반감될 수밖에 없다. 이런 차량은 일렬종대로 진격하거나, 두 대씩 묶어 이동해야 하기 때문이다. 전차에 맞설 가장 좋은 무기는 다이너마이트이지만, 주로 가파른 지형에서 일어나는 육박전에서는 '화염병 발사기'가 가장 효율적이다. 바주카포에 대해서는 거론하지 않겠다. 게릴라들에겐 결정적인 무기가 될 수 있지만, 최소한 전쟁 초기엔 구하기 어렵다. 박격포에 맞서는 방법으로는 지붕을 덮은 참호를 이용할 수 있다. 박격포는 포위 공격 시에는 가공할 만한 효과를 지닌 무기이지만 반대의 경우, 예컨대 움직이면서 포위 공격을 하는 전사들을 향해 사용할 때는 엄청나게 많은 포를 세워놓고 한꺼번에 쏘지 않는 이상 큰 위력을 발휘할 수 없다. 따라서 이런 경우 포병은 그리 중요하지 않다. 포병은 편안하게 접근할 수 있는 곳에 주둔해야 하며, 표적이 자꾸 움직이지 않을 때 효과적이다. 항공대는 적의 가장 중요한 군사력이다. 그러나 이들의 공격력 역시 눈에 잘 띄지도 않는 조그마한 참호를 목표로 공격할 때는 효과가 떨어질 수밖에 없다. 강한 폭발력을 지닌 폭탄이나 소이탄을 투하할 수 있지만 사실상 위험보다는 불편함을 초래하는 정도이다. 게다가 적의 방어선과 게릴라의 전위부대가 상당히 근접해 있다면 비행기로는 효과적으로 공격하기가 어렵다.

목재나 가연성 재료로 구축한 캠프를 포위했을 때, 비교적 근거리를 목표로 한다면 앞에서 이야기한 '화염병 발사기'가 효과적인 무기이다. 손으로 던지기에는 먼 거리에 목표물이 있다면 앞에서 말한 바와 같이 가연성 물질로 가득 채운 화염병의 도화선에 불을 붙여 16구경 산탄총으로 날려 보낼 수 있다.

사용 가능한 폭약 중에서 가장 효과적인 것은 원격조종 폭약이긴 하지만, 이는 언제나 가능하진 않다는 기술적인 효율성에 문제가 있다. 도화선 대신 전선을 점화장치로 사용할 수 있다면 최고의 효율성을 지닌 무기가 될 수 있다. 특히 인민군 입장에서 본다면, 험한 산지를 가로지르는 도로에서 사용할 수 있는 최고의 방어 무기이다.

도로에 만들 수 있는 최고의 대전차용 방어 수단으로는 가파르게 판 함정을 들 수 있다. 전차의 경우 들어가긴 쉽지만 빠져나오는 것은 매우 어렵다. 그림처럼 만들면 적의 눈을 쉽게 속일 수 있

## 대전차 함정

는데, 야간 행군을 하는 적이라면 더 쉽다. 전차 앞쪽에 보병이 나서기 어렵도록 게릴라들이 막아설 수 있다면 더욱 효과적이다.

지나치게 경사가 심하지 않은 지형에서 적군이 주로 사용하는 진격 방법은 어느 정도 트인 개활지에 가까운 도로를 이용하는 것이다. 적군은 장갑차를 앞세우고 그 뒤로 보병을 태운 트럭이 따른다. 게릴라는 병력에 따라 적군 전체를 포위 공격할 수도 있고, 안 되면 특정 트럭만 골라 다이너마이트를 이용해 폭파하는 등의 공격을 해서 10분의 1 정도는 제거할 수 있다. 후자의 경우엔 신속하게 작전을 수행해야 하며 쓰러진 적의 무기만 얼른 빼앗아 재빨리 퇴각해야 한다. 상황이 허용된다면 전체를 포위할 수도 있는데, 이때도 반드시 포위 공격의 기본 원칙은 철저히 지켜야 한다.

지붕이 없는 트럭을 공격할 때 최대한으로 활용해야 할 가장 중요한 무기는 산탄총이다. 16구경 산탄총은 트럭 전장에 해당하는 10미터 정도까지 충분히 화력이 미치기 때문에, 트럭에 탄 모든 보병을 사살하거나 부상당하게 함으로써 적군을 엄청난 혼란에 빠트릴 수 있다. 적들이 우왕좌왕하기 시작하면 이때는 수류탄을 사용하는 것이 가장 효과적이다.

이런 모든 공격에서 기습은 게릴라 전술의 기본 특성 중 하나라고 할 수 있기에 첫 번째 총성이 울림과 동시에 공격하는 것이야말로 가장 기본이라고 말할 수 있다. 만일 이 지역에 거주하는 농민이 게릴라군의 존재를 알고 있다면 기습을 할 수 없다. 따라서 공격을 위한 기동은 밤에 이루어져야 한다. 과묵하고 충성도가 높은 사람만 이에 대해 알고 있어야 하며, 게릴라와도 접촉할 수 있다. 이 경우 수행 대원들은 매복 장소에서 이틀, 사흘 혹은 나흘까지도 버틸 수 있는 식량으로 배낭을 가득 채워 가져가야 한다.

농민들이 반드시 비밀을 지킬 거라고 지나치게 신뢰해서도 안 된다. 그 이유로 첫째는 농민들은 가족이나 믿는 친지들에게는 사실을 털어놓거나 언급하는 경향이 있기 때문이다. 둘째는 패주한 이후 적군은 오히려 주민을 더욱 잔혹하게 다뤄 주민들에게 두려움을 불러일으키는데, 이런 두려움으로 인해 목숨을 건지려고 안 해도 될 말을 필요 이상으로 이야기하다 중요한 정보를 누설할 수도 있다.

보편적으로 매복 장소는 게릴라들이 일상적으로 상주하고 있는 곳으로부터 최소한 하루 정도의 행군 거리만큼은 떨어져 있어야 한다. 적은 언제나 게릴라들이 자리 잡은 곳을 비슷하게까지는 예측한다.

우리는 예로부터 전투에 임해서 사격하는 것을 보면 반대편 진영의 상황을 알 수 있다고 했다. 일선에 있는 적군 병사는 격렬하게, 또는 신속하게 사격을—총탄을 충분히 가지고 있는 데다 이런 식의 사격에 익숙해져서—하는데 다른 쪽에선 총탄 한발 한발의 가치를 충분히 인지하고 있는 게릴라 전사가 띄엄띄엄 산발적으로 응사하는 것을 볼 수 있다. 총탄은 철저한 절약 정신을 바탕으로 소모할 자세를 갖춰야 한다. 다시 말해 필요 이상으로 사격해서는 절대 안 된다. 그렇다고 총탄을 아끼려고 적군이 도망치도록 놔두거나 매복한 상황에서 완벽한 임무 수행을 하지 않으면

이 또한 올바른 태도가 아니다. 특정 상황에서 어느 정도 총탄을 소모할 수 있는지 미리 계산해 놓고 그 계산에 따라 사격을 해야 한다.

총탄은 게릴라들에게는 언제나 가장 중요한 문제이다. 따라서 무기를 획득하기 위해 노력해야 하며, 게릴라라면 한번 획득한 무기는 절대로 잃어버려서는 안 된다. 하지만 총탄은 사격하다 보면 떨어질 수밖에 없다. 일반적으로 총탄은 무기와 함께 획득하지, 총탄만 빼앗는 경우는 거의 없다. 게릴라 대원이 입수한 무기는 각각에 맞는 총탄을 장전하여 써야 하기에 모든 총탄을 서로 다른 무기에 사용할 수가 없고, 이로 인해 여분의 총탄이 없는 경우가 많다. 따라서 총탄을 아껴가며 쏴야 한다는 전술적 원칙은 이런 유형의 전쟁에서는 기본이자 필수다.

게릴라 대장이라면 대장이 되었다는 자만심에 후퇴를 소홀히 하면 안 된다. 후퇴는 언제나 기회를 잘 노려 신속하게 시행해야 한다. 그래야만 부상당한 게릴라 대원의 보급품, 예컨대 배낭, 탄약 등을 구할 수 있다. 혁명군이 후퇴한다고 놀라서는 안 되며, 포위를 풀 때도 과장된 행동을 허용해서는 안 된다.

이 모든 점을 고려하여, 어떤 도로를 거점으로 선택했다면 일반적으로 적군이 포위하기 위해 진격해 올 수 있는 모든 곳을 철저하게 감시해야 한다. 그리고 적군이 포위를 시도할 때를 대비하여 동료들에게 신속하게 명령을 전달할 수 있는 전달 시스템을 갖춰야 한다.

전투에서는 언제나 비무장한 병사가 있기 마련이다. 이 병사는 동료들이 전사하거나 다치면 얼른 그들의 개인화기를 집어 들고 싸워야 한다. 포로가 가지고 있던 무기 중에서 아직 전투에 투입하지 않은 무기 역시 이들의 몫이다. 이들은 부상자의 운송과 메시지 전달을 맡아 가능하면 최단 시간에 필요한 소식을 전해주는 임무를 수행할 수 있도록 철각(鐵脚)을 가진 성실한 전령이 되어야 한다.

무장 대원들 곁에서 보조 역할을 해야 하는 비무장 대원의 수는, 상대적이기는 하지만 대체로 10명 당 2~3명이면 충분하다. 전투가 시작되면 그들은 보조 역할을 하면서 후방에서 필요한 다양한 임무를 수행해야 한다. 퇴각할 때의 합류 지점을 지키거나 앞에서 말한 전령 서비스 시스템을 구축할 수 있다.

방어를 위한 전투를 할 때, 예컨대 침략군이 특정한 장소를 통과하는 걸 막기 위해 치열하게 전투를 벌여야 할 때는 일반적으로 진지전 형태의 전투가 벌어진다. 그렇지만 전투를 시작할 때는 언제나 기습의 형태를 띠어야 한다. 지역민의 눈에 쉽게 띄는 참호나 여타 방어 시스템을 구축하는 경우에는 농민에게 우호적으로 보일 수 있도록 노력해야 한다. 일반적으로 이런 유형의 전쟁이 진행되는 동안에는 정부가 그 지역을 봉쇄하게 되는데, 이때 이곳을 벗어나지 못한 농민은 게릴라 부대의 작전 지역 밖에 있는 시설에서 주요 생필품을 구매해야 한다. 그런데 전쟁이 정점에 달했을 때 이런 농민들을 포함한 많은 사람이 게릴라 지역 밖으로 나가게 되면 적에게 의도치 않게 비밀을 제공할 수도 있다. 즉 믿을 수도 없고 그렇다고 믿지 않을 수도 없다는 애매한 문제로 인해 위험도가 높아지는 것이다. 그러므로 이런 경우에는 지역민들에게 좋은 토지 정책을 제공함으로써 게릴라군의 전략적 토대를 마련해 두어야 한다.

또한, 방어와 방어에 동원된 모든 도구는 언제나 매복 단계에서 적의 전초부대를 섬멸하는 것을 목표로 해야 한다. '전초부대원은 전투에 돌입하면 반드시 죽는다'는 것이 병사들 사이에 기정사실화되면 심리적인 면에서 매우 중요한 변수가 된다. 적군에게 이러한 심리적인 동요를 일으켜 아무도 전초에 서는 것을 원치 않게 만들어야 한다. 전초가 없는 부대는 앞으로 나아갈 수 없다는 것은 너무나 자명한 사실이고, 누군가는 반드시 전초 역할을 해야 하기 때문이다.

그리고 필요하다는 판단이 서면 포위를 할 수도 있고, 측면공격을 지연시키기 위한 전술이나 단순히 적을 정면에서 막아내는 전술을 사용할 수도 있다. 그러나 어떤 경우든 적군이 측면공격을 하기 위해 사용할 수 있는 예민한 곳은 반드시 먼저 강화해야 한다.

지금부터 하고 싶은 말은, 적의 공격을 막아내기 위해서는 앞에서 기술한 전투보다 더 많은 인원과 무기를 동원해야 한다는 점이다. 특정 지역에서 한 지점으로 통하는 수많은 도로를 봉쇄하려면 많은 인원을 동원해야 한다는 것은 너무나 자명한 사실이다. 이런 곳에는 장갑차에 맞설 수 있는 다양한 함정과 공격 인원을 늘려야 하고, 지역에 맞게 구축해 놓은 기존의 견실한 참호도 더 보강하여 최대한의 안전을 보장해야 한다. 일반적으로 이런 유형의 싸움에서는 죽음을 각오하고 사수하라는 명령이 주어진다. 하지만 방어에 나선 대원들에게도 생존 가능성을 최대로 보장해야 한다.

참호는 멀리서 봤을 때 잘 보이지 않을수록 좋다. 특히 박격포 포격을 무력하게 만들기 위해 지붕을 덮을 수 있으면 더 바람직하다. 현지에서 생산된 것으로 튼튼한 지붕만 만들면 야전에서 주로 사용하는 60.1mm나 85mm 박격포는 이를 잘 뚫지 못한다. 예컨대 나무와 흙, 돌 등을 켜켜이 쌓아 한 층을 덮는다면 적의 시선으로부터 참호를 감출 수 있다. 또한 언제나 극단의 경우를 대비하여, 진지를 지키던 사람의 탈출을 도와줄 수 있는 비상 탈출구를 만들어 생명을 위협하는 요소를 최소화시켜야 한다.

옆의 그림은 시에라마에스트라에 구축했던 방어진지의 형태를 보여준다.[48] 그리고 다른 그림은 지역에 맞게 구축한 방어 시스템을 잘 보여주는 조그만 도면이다.[49]

외부 구조를 살펴보면, 고정된 사선(射線)이 존재하지 않는다는 것을 알 수 있다. 사선이란 어느 정도 특정 순간에 맞춰 만들어진 이론적인 것이다. 그러므로 상황에 맞게 탄력적으로 대응할 수 있어야 한다.[50]

실제로 '양쪽 누구에게도 속하지 않은 땅'이 존재한다. 그러나 게릴라전에서 이와 같은 곳이 지닌 특성은 이런 곳에도 민간인이 존재하고, 이들이 양쪽 진영 그 누군가와 어떤 식으로든 협력하며 살아간다는 점이다. 물론 압도적인 다수가 봉기를 일으킨 진영과 협력하고 있다. 많은 사람이 자기가 살아오던 지역에서 떠나도록 한꺼번에 이주시킬 수는 없다. 이 경우 상당수의 주민에게 식량을

## 박격포 포격에 맞서기 위한 진지

48 영어판에는 다음과 같은 문장이 추가되어 있다: "이는 포격으로부터 우리를 충분히 보호해 줄 수 있다." 49 이 도면은 원문에 없어 싣지 못했다. 50 스페인어판에서는 이다음에 문단을 나누지 않았는데 영어판에서는 나눠놓고 있다. 내용상 나누는 것이 맞아 나눈 것을 따랐다.

1장 — 게릴라 투쟁 총론
**2장 — 게릴라**
3장 — 게릴라 전선 조직
4장 — 부록

나눠줄 때 누군가에겐 공급 문제를 일으킬 수밖에 없다. 이처럼 누구에게도 속하지 않은 땅은 압박을 가할 수 있는 군대가 주기적으로 침범(일반적으로는 주간에 이루어진다)함으로써 틈이 벌어질 수 있다. 반대로 야간에는 게릴라군이 그 틈을 파고든다. 게릴라군은 그곳에서 부대를 위해 정말 중요한 버팀목 역할을 할 수 있는 사람을 찾아낼 수 있는데, 이런 농민이나 상인 들과는 언제나 좋은 관계를 형성하는 등 정치적인 질서를 만들어 잘 관리해야 한다.

이런 유형의 전쟁에서는 간접적인 전투원, 예컨대 무기를 들지 않는 사람들의 노력이 정말 중요한 의미를 지닌다. 앞에서 전투가 벌어지는 곳에서의 연락망이 지녀야 할 특성에 대해서 이미 이야기했다. 연락망은 전체 게릴라 조직 안에 반드시 존재해야 할 또 하나의 조직인 셈이다.

멀리 떨어진 곳에 있는 사령부나, 멀리 떨어진 곳에서 활동하고 있는 게릴라 부대까지도 서로 잘 연결되어 있어서, 메시지가 언제나 그 지역에서 가장 빠른 시스템을 이용해 한쪽에서 다른 쪽으로 전해져야 한다. 그리고 이런 연락망은 방어나 활동이 쉬운 지역뿐만 아니라 쉽지 않은 지역에서도 활용할 수 있어야 한다. 예를 들어 활동이 쉽지 않은 지역에서 작전을 수행해야 하는 게릴라는, 방어가 가능한 요새 안에 있어 절대 파괴할 수 없는 무선 설비가 아닌 이상, 전신이나 도로와 같은 현대적인 통신 시스템을 사용해서는 안 된다. 이것이 사용되다가 적군의 손에 들어간다면, 반드시 암호나 주파수를 변경해야 하는 어렵고 힘든 과제

를 수행해야만 한다.[51]

 우리는 이 모든 이야기를 우리가 경험했던 해방전쟁에서의 기억에 의존해서 하고 있다. 적군의 모든 움직임에 대한 믿을 만한 일일 동향 보고서는 연락망을 통해 들어온 보고서를 통해 보완할 수 있다. 첩보 시스템은 엄청난 노력을 쏟아부어 철저하게 연구하고 구축해야 한다. 첩보원들은 꼼꼼하게 따져 선발해야 한다. 이 중간첩으로 인한 폐해는 말할 수 없을 정도로 크다. 이런 극단적인 경우를 제외하고도, 지나치게 과장 증폭되거나 반대로 지나치게 축소된 정보가 결과적으로 일으킬 수 있는 위험은 엄청나다. 이런 위험을 줄이는 것이야말로 정말 어려운 문제이다. 농민들은 대개 과장하거나 불려서 이야기하는 경향이 있다. 유령이나 초자연적인 존재를 끌어오고 사이비 마술을 믿는 심리와 같은 희한한 사고방식을 거쳐, 일 개 분대도 되지 않는 규모나 겨우 순찰병 한 명을 어마어마한 병력으로 포장하기도 한다. 한편 스파이는 최대한 중립적으로 보여야 한다. 해방군과의 연결 고리가 절대로 적에게 알려지지 않도록 해야 한다. 이는 보기보다 그리 어려운 과제는 아니다. 전쟁을 하다 보면 많은 사람을 찾아낼 수 있다. 상인, 전문가, 혹은 종교인까지도 이 같은 과제에 커다란 도움을 줄 수 있다. 즉 적기에 정보를 제공할 수 있다.

 게릴라전의 가장 중요한 특징 중 하나는 반군이 취득한 정보와 적이 보유한 정보 사이에 존재하는 눈에 띄는 간극이다. 적은 농민

---

51 밑줄 친 부분을 붉은색으로 표시하고 "문장을 다시 다듬을 것."이라고 적어두었다.

의 비우호적인 침묵 속에서, 적대적인 분위기에 싸인 지역을 가로질러 이동해야 한다. 반면에 이들을 지켜주는 게릴라들은 농민 한 사람 한 사람의 집에서 친구나 가족을 찾을 수 있다. 그래서 계속해서 새로운 정보가 연락망 시스템을 통해 사령부까지, 혹은 그 지역에서 활동하는 게릴라 부대의 핵심 인물에게까지 전달될 수 있다.

게릴라들이 이미 자신의 영토라고 선언한 곳, 예컨대 농민들이 민중의 이데올로기에 화답하고 있는 곳으로 적군이 공격해 들어오는 경우 심각한 문제가 일어날 수 있다. 농민들 상당수는 자식이나 세간살이를 버리고 인민군과 함께 도망치려 할 테고, 가족 전체를 데리고 가려는 사람도 나올 것이며, 막상 일이 닥칠 때까지 집에 머무르며 기다리는 사람도 나올 것이다. 아무튼, 적군이 게릴라 부대의 영토 안으로 밀고 들어왔을 때 발생할 수 있는 가장 심각한 문제는 심하게 압박받을 수 있는 상황이나 전혀 예기치 못한 상황에서 상당히 많은 가족이 뒤처져 남게 된다는 점이다. 이런 사람들에게도 최선의 도움을 제공해야 한다. 삶에 필요한 모든 것을 쉽게 구할 수 있었던 거주지를 떠나, 재난에 쉽게 노출될 수 있으며 게릴라들에게 그리 우호적인 태도를 보이지 않는 곳으로 거처를 옮겼을 때 발생할 수 있는 여러 가지 문제를 선제적으로 예방해야 한다.

어떻게 하든 민중의 적이라는 점에서 '억압의 유형'에 대해 구분하여 이야기할 수는 없다. 각 지역만의 사회, 역사, 경제적 상황에 따라 가장 기본적인 억압의 방법이 다 다르긴 하지만, 민중의 적은 언제나 지독하다는 생각이 들 정도로 민중을 탄압한다는 점에서는 한결같다. 집에 가족을 남겨놓고 게릴라들이 점령한 곳으로 도망치더라도 그리 큰 문제가 되지 않는 곳도 있는 반면, 어떤 곳은 이런 행동이 개인의 전 재산 소각이나 징발로, 혹은 한 걸음 더 나아가 전 가족의 몰살로 이어지는 곳도 있다. 각 지역이나 국가가 전쟁에서 어떤 태도를 보이는지 알려진 바에 따라, 적의 진격에 영향을 받을 수밖에 없는 농민들을 달리 나누거나 조직해야 한다.

이와 같은 지역에서 적을 축출하기 위한 준비를 서둘러야 하는 것은 너무나도 당연한 일이다. 병참선을 완벽하게 차단하고 보급에 차질이 생기게끔 강력한 작전을 개시할 수도 있다. 그리고 소규모 게릴라 부대를 이용해 적의 보급 의도를 분쇄하거나, 이를 막기 위해 적이 엄청난 병력을 투입하게끔 유도할 수 있다.

어디에서든 전투가 시작된 곳에서 가장 중요한 요소는 예비병력을 적절하게 사용하는 것이다. 게릴라 부대는 특성상 예비병력을 고려할 수 있는 경우가 거의 없다. 그래서 철저히 통제하여 마지막 한 사람까지 활용하는 방식으로 공격해야 한다. 물론 이러한 게릴라의 특성을 충분히 고려하더라도, 예기치 못했던 필요에 적극적으로 대응해야 할 경우를 대비하여 이런 부분에 재배치할 인력을 미리 준비해 적의 반격을 지연시킬 수 있어야 한다. 그리고 이런 특정 상황을 미리 머릿속에 그리고 있어야 한다. 게릴라 부대를 조직할 때 각 순간의 특성과 그런 상황이 발생할 가능성에 따라 필요할 때 '별동대'로 사용할 수 있는 분대를 미리 편성해 놓는 것이 바람직하다. 이 분대는 언제나 가장 위험한 곳으로 출동해야 하므로 '자살 특공대'라든지 이와 유사한 이름으로 부르면 되는데, 실제로 이름에 걸맞은 역할을 맡아야 한다. 전초부대가 기습 공격을 감행할 때, 취약해서 위험할 수밖에 없는 곳을 방어할 때, 또한 사선의 안정성을 깨기 위해 적군이 예기치 못한 곳에 나타났을 때 등 전투가 결정된 모든 곳에 '자살' 특공대는 출동할 수 있어야 한다. 하지만 이 분대에 들어가는 것은 언제나 자율적으로 결정하도록 유도함으로써 그 자체를 명예로 받아들일 수 있도록 해야 한다. 이 특공대원들은 시간이 지나면서 게릴라 부대 내에서 가장 사랑받는 병사가 되고, 모든 동료의 칭찬과 존경을 받으며 이 특공대를 상징하는 휘장을 자랑스럽게 생각할 수 있어야 한다.

## ⑤ 게릴라전의 개시, 전개, 종료

게릴라전이 무엇인지는 이제 충분히 정의를 내려보았다. 지금부터는 게릴라전의 가장 이상적인 전개 방식을, 예컨대 맹아에서부터 시작하여 게릴라전이 유리한 지형에서 벌어지고 있다는 상황에 맞춰 이야기해 보자.

다시 말해서, 쿠바에서의 경험을 새롭게 이론화시켜 보자. 초기에는 대체로 게릴라와 동질적 성격을 띠긴 했지만 무장 자체가 빈약할 수밖에 없는 소규모 그룹으로 시작하여, 아무도 살지 않는 정글 속으로 숨어들어 농민과의 접촉 또한 최소화했다. 운이 좋게 몇 번의 기습 작전이 성공한 덕분에 점차 명성을 얻게 되었다. 그러자 경작할 땅 한 뙈기가 없었던 탓에 땅에 대한 강한 소유욕으로 투쟁에 뛰어든 가난한 농민들, 이상을 추구하던 여타 계급의 청년들이 이 그룹의 명성을 한 차원 더 키웠다. 사람들이 사는 곳에 출현해, 과감하게 지역민과의 접촉을 늘려가며, 기습 공격을 한 다음 재빨리 퇴각하기를 반복했다. 적의 군부대를 향해 전혀 예기치 못했던 싸움을 걸어 그 부대의 전초들을 전멸시켰다. 계속 합류하는 사람이 늘면서 인원이 증가했다. 게릴라 조직 체계에는 전혀 변화를 주지 않았지만, 지나친 경계심은 버리고 좀 더 큰 마을을 향해 발걸음을 내딛기 시작했다.

시간이 좀 더 흐르자, 단 며칠 만에 임시 캠프를 세울 수 있게 되었다. 하지만 적군이 진격해 온다는 소식이나 폭격이 있을 거라는 소식만 들려와도, 그리고 혹시라도 닥칠지 모르는 위험에 대해 의구심이 조금만 들어도 캠프를 포기해야만 했다. 농민을 열성적인 해방군으로 만드는 대중을 향한 과업이 순조롭게 진행되면서 게릴라들의 인원은 자꾸 늘어났고, 결국 접근이 어려운 곳을 골라 정착 생활을 시작했다. 그리고 첫 번째 소규모 공장을 세웠다. 군화 공장, 담배와 여송연 공장, 봉제 공장, 무기 제조 공장, 제빵 공장, 병원, 방송국이라고 한다면 방송국이라고 할 수도 있는 것, 인쇄소 등을 만들었다.

이제는 게릴라 부대에도 조직에 새로운 구조가 생겼다. 작은 정부로서의 성격을 띤 위대한 혁명운동의 핵을 만들었던 것이다. 법을 관장하는 법정을 만들고, 법을 새롭게 제정했다. 주변에 농민과 노동자들이 있었기 때문에, 교육이 가능한 경우에는 그들에게 이데올로기 교육을 시행하여 농민과 노동자를 신념 안으로 끌어들였다. 적이 공격을 시작해도 이를 차분하게 격퇴했다. 총기의 양이 늘었고, 결과적으로 게릴라 부대를 구성하는 병력도 늘어났다. 그렇지만 인원이 늘었다고 작전 반경을 지나치게 확장하지는 않았다. 전체 부대를 소대나 분대 등으로 적절하게 나누어, 각각의 전투가 벌어지는 곳으로 파견했다.

각 부대가 보유한 경험과 해방군이 전투 지역으로 얼마나 진격해 들어가는지에 따라 성격은 각기 다르지만, 이들도 파견된 곳에서 나름대로 과업에 첫발을 내디뎠다. 중심에 자리 잡은 핵심 세력이 계속해서 성장함에 따라, 먼 지역에서도 식량과 총기 지원과 같은 실질적인 지원을 받을 수 있게 되었다. 사람들이 줄지어 들어오기 시작했고, 법률 공포와 같은 정부로서 책임져야 할 일도 계속 병행해 나갔다. 신병들의 훈련과 사상교육을 위한 군사학교도 세웠다. 각 단위 부대의 대장들도 전쟁을 수행하면서 점점 많은 것을 깨우쳤고, 군사력이 양과 질적인 면에서 발전함에 따라 그들의 지휘력 역시 함께 향상되었다.

이 시점부터는 게릴라 본대로부터 멀리 떨어진 곳까지 소규모 부대를 파견했다. 이미 앞에서 달성했던 목표를 그곳에서도 이루기 위해 다시 처음부터 새로 시작한 것이다.

그렇지만 게릴라전에 불리한 적군의 관할지도 분명 존재했다. 그런 곳에는 소규모 부대를 침투시켜 도로를 기습 공격하거나 다이너마이트로 교량을 파괴하여 적의 불안감을 조성했다. 전쟁에서 오는 다양한 우여곡절을 겪으며 혁명운동은 계속 증폭되었다. 대중의 위대한 노력 덕분에 불리한 지역에서조차 해방군이 움직일 수 있는 여지가 만들어진 것이다. 그러면서 도시 게릴라라는 마지막 단계에 접어들게 되었다.

지역 전체에서 사보타주가 일어나는 횟수가 눈에 띌 만큼 증가함에 따라 일상적인 삶이 마비되기 시작했다. 그 지역이 정복된 것이다. 이제 다른 지역으로 옮겨갔다. 의미가 있는 전선에서 적군과 교전을 벌였다. 중화기까지(전차까지도) 획득하여 적군과 대등한 입장에서 전투를 벌였다. 부분적인 승리에서 전체적인 승리로 단계가 변하면서 마침내 적이 쓰러졌다. 다시 말해서, 게릴라들이 제시한 조건을 수용하게끔 전쟁을 몰아갔던 것이다. 결국 적의 항복을 끌어냈으며 모든 것을 청산할 수 있었다.

이것이 대략적인 개관으로, 쿠바 해방전쟁의 각 단계에서 있었던 일을 도식적으로 정리한 것이다. 전체적으로 보편적인 내용을 담고 있지만, 우리 쿠바 해방전쟁에서는 하늘이 허락했던 조건들, 예컨대 민중의 연대, 여러 상황, 지도자 등과 같은 조건이 다른 곳에서도 저절로 주어질 거라고는 상상할 수 없다. 이에 대해서는 두말할 필요도 없을 것이다. 피델 카스트로 자체가 전투원이자 정치인으로서의 높은 수준을 잘 보여주었다. 우리의 긴 여정, 우리의 투쟁, 우리의 승리는 그의 미래에 대한 비전에 큰 빚을 지고 있다. 단언하건대 피델이 없었다면 민중의 승리를 쟁취하지 못했을 것이다. 승리를 얻더라도 더 많은 대가를 치러야 했을 거고 완벽하지도 못했을 것이다.

1장 — 게릴라 투쟁 총론
2장 — 게릴라
**3장 — 게릴라 전선 조직**
4장 — 부록

# ① 보급

빈틈없이 이루어지는 보급이야말로 게릴라에겐 가장 중요하고 근본적인 문제이다. 땅에 밀착해서 살아가는 사람, 즉 게릴라들은 땅에서 나온 생산물을 가지고 살아가기 마련이다. 그러므로 이를 제공하는 지역 농민들의 생계를 확실히 보장해야 한다. 그러나 게릴라들이 고단한 투쟁 과정에서, 특히 초기 단계에서는 적절한 보급을 확보하기 위해 에너지를 투입하는 것 자체가 불가능하기 때문에 적군이 완벽하게 뚫고 들어온 곳에서는 보급망이 쉽게 깨질 수도 있다는 점을 고려해야 한다. 초기 단계에서 보급은 내부에서 해결해야 한다.

게릴라전의 조건이 무르익으면 전선 밖이나 전투가 일어나는 곳에서도 보급을 받을 수 있다. 초기에는 농민이 보유한 것을 가지고 살아가야 한다. 병참선을 만들 만한 영토가 없기 때문에 물건을 사야 할 때 잡화점에 갈 수는 있지만 제대로 된 보급선을 확보할 수는 없다. 병참선과 식료품 가게는 게릴라 전쟁의 전개 양상에 따라 달라진다.

보급을 위한 첫 번째 과업은 지역 주민들의 전폭적인 신뢰를 획득하는 것이다. 주민들의 문제에 대해 긍정적인 태도를 보여야만 신뢰를 얻을 수 있다. 도움을 주고, 지속적으로 방향을 제시하며, 그들의 이익을 지켜주려 노력해야 한다. 그리고 현시점의 혼란을 틈타 영향력을 행사하는 사람, 농민들을 강제로 이주시키거나 수확물을 빼앗으려는 사람, 고리대금업을 통해 이익을 구하려는 사람 등을 처벌할 수 있어야 한다. 부드러운 면과 단호한 면을 동시에 보여주어야 한다. 혁명운동에 대해 공감하는 사람들에게는 부드러운 태도로 자발적인 협력을 제공해야 하고, 반대로 혁명운동을 공격하고 분쟁을 심화시키거나 적군에게 중요한 정보를 흘리는 것과 같은 짓을 하는 사람에게는 단호한 태도를 보여줘야 한다.

또한 점령지에 조금씩이라도 희망의 빛을 밝힐 수 있어야 한다. 그래야 편안하게 작전을 펼칠 조건을 갖출 수 있다. 반드시 통제해야 할 기본 원칙은, 재화를 받을 때는 혁명 동지들이 준 것까지도 값을 치러야 한다는 점이다. 여기서 말하는 재화에는 땅에서 수확한 과일이나 상업적인 시설에서 파는 물건이 모두 포함된다. 농민들이 기부하는 경우가 많지만, 경제적인 상황으로 인해 기부가 어려운 농민이 있을 수 있다. 필요한 물건을 구하기 위해 생필품이나 식량을 보관하는 상점을 공격할 수밖에 없을 수도 있는데, 경우에 따라선 돈이 한 푼도 없어 값을 치르지 못할 수도 있다. 그러나 이럴 땐 반드시 상인에게 채권을 발행해야 한다. 그리고 채무를 밝히고 있는 채권, 예컨대 앞에서 기술했던 '희망 채권'에 대해서는 장차 한 치의 오차도 없이 갚아야 한다. 해방된 곳의 경계선 밖에서 살아가는 사람들에게는 이런 방법을 사용하는 것이 최선이다. 그것도 가능하면 빨리 갚는 것이 좋고, 다 갚는 것이 불가능하다면 일부라도 갚아야 한다. 토지를 적의 수중에서 되찾아 그 상태를 계속 유지할 수 있을 만큼 상황이 개선되면 공동 파종, 공동 경작을 할 수도 있다. 즉 농민들이 게릴라군을 위해 토지를 대리 경작해 줄 수도 있다. 이런 식으로 하면 언제든지 농산물을 안정적으로 공급받을 수 있는 토대를 구축할 수 있다.

자발적으로 게릴라군에 참여하겠다는 사람의 수가 필요 이상으로 많아지면, 또한 무기가 없는 사람, 정치적인 상황으로 인해 적의 관할지로 옮겨가는 것을 원치 않는 농민이 많다면, 반군은 협력하겠다는 사람들에게 직접 토지를 경작하게 하거나 과일 수확을 위탁할 수 있다. 이들은 그동안 보급을 원활하게 해주면서 장차 전사로 진급하기 위한 경력을 채울 수 있다. 아무튼 파종은 농민이 직접 하는 것이 바람직하다. 노동 효율성이 높을 수밖에 없고, 능력을 최대치로 끌어올려 온 정성을 다할 것이다. 여기서 상황이 좀 더 나아지면 수확물의 종류에 따라 전체 수확물 구매로까지 나아갈 수도 있다. 다시 말해 게릴라군이 사용하기 위해 수확물 전부를 들에 야적하거나 창고에 저장할 수도 있다.

농촌 주민들에게 공급하는 일을 책임질 기관이 만들어지면, 농민들 사이에서 원활한 물물교환이 이루어질 수 있도록 모든 식료품의 공급이 이 기관에 집중되어야 한다. 이때 중개인의 역할은 반드시 게릴라군이 맡아야 한다.

상황이 좀 더 나아지면 소상공인에게는 세금까지도 부과할 수 있는데, 다만 세금은 지나치게 무거우면 안 된다. 그 무엇보다 농민 계급과 게릴라군의 관계에 신경 써야 한다. 게릴라군은 결국 농민 계급의 폭발에서 비롯될 수밖에 없기 때문이다.

세금은 현금으로 받을 수도 있고 현물로 받을 수도 있다. 현물로 받는 경우 보급품이 더욱 풍성해질 것이다. 가장 필요한 품목 중 하나가 육류인데, 공급과 보관이 잘 이루어져야 한다. 안전 지역이 아니라면, 당연한 말이지만 적군과는 전혀 관계가 없는 농민과 힘을 합쳐 공동 농장을 설립해야 한다. 그들은 대지주로부터 직접 압수했거나 구매한 가축들을 토대로 닭이나 달걀, 염소, 돼지 등의 사육에 전념할 것이다. 일반적으로 대토지 농장 지역에는 엄청난 양의 가축이 있다. 이런 가축을 도축한 후 오랫동안 소비할 수 있도록 소금에 절여 보관해야 한다.

여기서 나온 부산물로 가죽도 얻을 수 있으며, 이를 토대로 게릴라들에겐 기본 중의 기본이라고 할 수 있는 가죽 공장을 만들 수도 있다. 가죽 공장은 무장항쟁을 위한 기본 품목 중 하나인 군화를 만들 수 있는 원자재를 공급해 준다. 지역에 따라 다르긴 하지만 일반적으로는 고기, 소금, 야채, 뿌리 식물, 곡식 등이 가장 필수적인 식자재라고 볼 수 있다. 기본 식자재는 언제나 농민이 생산하게 되어있다. 쿠바의 오리엔테 주(州) 산악 지대에서는 말랑가 감자를, 멕시코나 중미에서는 옥수수를, 페루에서는 감자를, 그리고 아르헨티나에서는 가축을 기본 식자재로 활용할 수 있다. 그 밖에 다른 지역에서는 밀을 이용하기도 한다. 언제나 부대에서 사용할 기본 식량의 보급량을 확보해야 한다. 그리고 동물성 버터든 식물성 버터든 상관없지만, 영양가 있는 음식 준비를 위해서는 지방이 함유된 식재료도 함께 확보해야 한다.

소금은 필수품이다. 바다에서 가깝거나 바다로 연결되는 지대에 있다면, 곧바로 소규모 염전을 만들어서 부대원들에게 안정적인 공급이 가능하게끔 여분을 보유하도록 한다. 명심해야 할 것은 필요한 식량의 일부분만 근근이 생산할 수 있는 황량한 곳에서 포위를 당하게 되면 금세 전체가 끔찍한 기아 상태에 빠질 수 있다는 점이다. 농민조합과 같은 민간 조직을 통해 이런 경우를 미리 대비하는 것이 좋다. 주민들 역시 전투가 벌어지는 고단한 기간에는 최악의 삶이라도 영위할 수 있는 최소한의 비상식량을 준비해 두어야 한다. 잘 부패하지 않고 오래가는 곡물을 위주로, 예를 들어 옥수수, 밀, 쌀 등의 비상식량을 비축하려고 노력해야 한다. 밀가루, 소금, 설탕, 여러 가지 통조림 그리고 파종에 필요한 씨앗까지도 비축해야 한다.

지역 내 상주하고 있는 부대원의 기본 먹거리 문제를 해결할 수 있는 때가 반드시 올 것이다. 하지만 이 밖에도 다양한 물건들이 필요하다. 지역에 가죽 공급을 위한 가공 공장을 만들 수 없다면 군화용 가죽부터 구해야 하며, 옷을 만들기 위한 각종 천과 이에 딸린 부속물, 신문 발행용 종이, 인쇄기, 등사판, 잉크와 기타 도구들까지 다양한 물품이 필요할 것이다.

마지막으로, 게릴라 조직이 점점 강화되고 복잡해질수록 외부에서 들여와야 할 생필품은 대체로 증가한다. 외부 조달 물품을 완벽하게 보급하려면 병참선을 맡은 조직이 제 역할을 다해야 한다. 병참을 맡은 조직은 기본적으로 혁명군에게 우호적인 농민으로 구성되어야 한다. 일단 중심축을 두 개로 구성하는 것이 더 바람직하다. 한 축은 게릴라들의 지역에 두고, 또 다른 한 축은 도시에 두어야 한다.

게릴라 지역에서 출발한 병참선을 전국 방방곡곡까지 연결해 다양한 자재를 이동할 수 있어야 한다. 농민들도 점차 위험에 익숙해진다(소그룹별로 활동하는 농민들은 경이로운 결과를 만들어낼 수 있다). 극단적인 위험을 감수하지 않고도 지정한 곳에 필요한 물건을 배달할 수 있다. 이런 동원은 주로 저녁에 이루어지는데, 지역에 따라 노새 또는 여타의 화물을 나를 수 있는 가축, 혹은 트럭을 활용할 수 있다. 이런 식으로 한다면 충분하게 보급을 받을 수 있다. 다만 이러한 방식을 사용하려면 군사작전 지역에 근접한 지역의 병참선이어야 한다는 점을 고려해야 한다.

원거리 병참선도 조직해야 한다. 일반적으로 멀리 떨어진 지역에서는 전쟁에 필요한 물건을 사는 데 쓸 군자금을 대거나, 시골이나 지방 도시에서는 구할 수 없는 물건을 조달할 수 있다. 조직은 항쟁에 동조하는 그룹에 속한 사람들이 제공하는 직접적인 기부를 받아 비밀 채권을 발행하고 자양분을 취할 수 있다. 채권 발행 업무를 맡은 사람에 대해서는 언제나 엄격한 통제가 이루어져야 하며, 이에 필요한 도덕적인 자격 요건을 상실했을 때는 강한 책임을 물어야 한다. 구매는 현금으로 이루어질 수도 있고, 게릴라 부대가 작전기지에서 나와 새로운 지역으로 진격해 나갈 때는 '희망채권'으로 계산할 수도 있다. 이때는 어떤 상인에게서건 필요한 물건을 징발하는 것 외에는 달리 방법이 없다. 상인 역시 무조건 게릴라를 믿어주거나, 게릴라들이 약속을 지킬 가능성 즉 언젠가는 현금으로 바꿔줄 가능성에 기댈 수밖에 없다.

시골을 통과하는 모든 병참선은 반드시 집과 터미널 혹은 중간 정거장이 있어야 한다. 낮에는 이런 곳에 숨겨두었다가 다음 날 밤에 계속해서 길을 가야 한다. 이런 가옥은 직접 병참을 책임지고 있는 소수의 사람만 알고 있어야 하며, 이 같은 이동 작전에 대해서는 조직이 최고로 신뢰할 수 있는 최소한의 사람만 알고 있어야 한다.

이런 임무에 가장 중요한 역할을 할 수 있는 동물은 노새이다. 노새는 아무리 무거운 짐을 져도 믿기 어려울 정도로 잘 버틸 뿐만 아니라 험한 지형에도 탁월한 적응 능력이 있어 100킬로그램 이상의 등짐을 지고도 며칠씩 계속 걸을 수 있다. 게다가 먹는 것에 대한 욕심도 별로 없어 가장 이상적인 운반 수단이라고 할 수 있다. 노새들을 한 줄로 세워 몰고 가려면 동물을 잘 이해하고 돌봐줄 수 있는 마부와 편자를 먼저 준비해야 한다. 이런 조건만 지킨다면 네 발이 달리긴 했지만 엄청난 효용성을 지닌, 진정한 의미에서의 혁명군을 확보할 수 있다. 노새가 제아무리 고통을 잘 참고 힘든 여정을 견딜 수 있는 능력을 갖췄어도, 난코스가 이어지다 보면 어딘가에 화물을 흘릴 수도 있다. 이에 대비하여 목적지까지 이런 동물을 위한 길을 만드는 작업을 맡을 팀이 있어야 한다. 이와 같은 조건만 충족시킬 수 있다면 운반에 필요한 조직을 잘 끌고 나갈 수 있는데, 여기에 더해 반군이 농민과 최상의 관계를 유지한다면 전 부대원에 대한 효과적인 보급을 계속 보장할 수 있다.

## ② 민간 조직

봉기운동에서 민간 조직은 내부와 외부 양 전선에서 모두 중요한 역할을 한다. 하지만 똑같은 범주 안에 속하는 작업을 수행할 때도 내부와 외부 전선은 서로 다른 성격과 기능을 가질 수밖에 없다. 예를 들어 외부 전선이 수행하는 모금이 내부 전선에서 이루어지는 것과는 같을 수 없다. 선전도 보급도 마찬가지이다. 우선 내부 전선에서의 작업부터 기술하기로 하자.

'내부 전선'을 거론한다는 것은, 최소한 해방군이 점령한 곳이 있다는 사실을 의미한다. 그렇지 않으면 게릴라전을 수행하기가 조금은 쉬운 곳을 가정하여 정할 수도 있다. 이런 조건도 충족시킬 수 없다면, 다시 말해서 전쟁 수행이 쉽지 않은 곳이라면 게릴라전을 전개하는 과정에서 조직의 범위는 넓힐 수 있지만 깊이까지는 만들 수 없다. 다시 말해 새로운 곳을 파고들어 갈 수는 있어도 적이 깊숙이 들어와 있기 때문에 내부 조직 확보는 어려울 수 있다. 내부 전선에서는 부대 관리의 효율성을 높이기 위해 특수 기능을 가진 일련의 조직을 만들 수 있다. 일반적으로 선전(propaganda) 조직은 군에 직접 속해있어야 하지만, 군의 직접적인 통제를 받더라도 약간은 분리된 형태를 유지할 수 있다(이 점은 너무 중요해서 별도로 다룰 것이다). 자금 조달은 대개 농민 조직과 같은 민간 조직에서 담당하지만, 노동자가 있어 노동자 조직을 만들 수 있다면 노동자 조직에 이를 맡길 수도 있다. 이때 두 조직 모두 감사기관의 통제를 받아야 한다.

우리가 이미 앞에서 설명한 바와 같이, 자금 조달은 다양한 방법으로 이루어져야 한다. 직·간접세, 직접 기부, 몰수 등을 생각할 수 있는데, 이 모든 것은 게릴라군을 위한 보급이라는 이 위대한 주제의 장을 가득 채워줄 것이다.

---

1장 ― 게릴라 투쟁 총론
2장 ― 게릴라
**3장 ― 게릴라 전선 조직**
4장 ― 부록

반드시 명심해야 할 것은 반군이 직접 수행하는 작전으로 인해 그 지역이 가난해지는 일은 절대로 일어나선 안 된다는 점이다. 다만 적의 포위로 인한 간접적인 영향으로 피폐해지는 것에 대해선 일정 부분 책임져야 할 수도 있다. 하지만 이는 역선전을 통해 그 상황을 반복적으로 강조해야 한다. 다시 말해 분쟁이 직접적인 원인이 되어 이런 상황이 야기되었다고 믿게 해서는 안 된다. 예를 들어 지역 내에서 농산물을 수확한 사람이 게릴라들의 영역 밖으로 나가 자신들이 생산한 것을 판매하는 행위를 막는 규칙을 만들면 안 된다. 물론 극단적인 상황이나 과도기적인 상황에서는 예외가 될 수 있는데, 이때도 농민들에게 불가피한 상황을 잘 설명해야 한다. 게릴라들의 모든 행동에 대해서 그 이유를 설명할 수 있는 선전부서가 반드시 있어야 한다. 해방군 안에 자식이나 부모 형제 혹은 친지를 둔 농민들, 언젠가는 자기도 직접 해방군에 가담하게 될 농민들은 이런 사정을 잘 이해할 것이다.

농민과의 관계가 중요하다는 점을 고려한다면, 관계를 설정하고 관리하는 조직을 반드시 만들어야 한다. 이는 해방된 지역 안에 존재하면서 인접 지역까지도 연결할 수 있는 고리가 되어야 한다. 이 조직을 통해 게릴라들이 장차 전선을 확장할 지역으로 침투할 수 있다. 농민들이 미리 씨를 뿌릴 것이다. 글과 입을 통한 선전, 예컨대 다른 곳에선 어떻게 살고 있는지에 대한 이야기, 소농을 보호하기 위해 제정한 법, 반군의 희생정신 등을 퍼트릴 것이며, 궁극적으로는 반군을 도울 수 있도록 필요한 분위기를 조성할 것이다.

해방군 조직이 언제든 수확물의 흐름을 조절하고 중간상인을 통해 수확물을 팔 수 있게끔 농민 조직은 언제나 연결 고리를 확보해 놓고 있어야 한다. 물론 여기에서 이야기하는 중간상인들은 비록 적군 관할지 안에서 영업을 하고 있지만 농민 계급에 이바지할 뿐 아니라 우호적인 태도를 견지하는 사람이어야 한다. 이때 상인은 신념을 지키기 위해 위험을 무릅쓰기도 하지만 돈을 벌기 위한 목적도 분명히 가지고 있다. 예컨대 이윤을 얻을 욕심에 거래를 활용하기도 하는 것이다.

보급을 거론할 때 이미 도로 건설 부대가 지닌 중요성을 이야기한 적이 있다. 게릴라전이 어느 정도 발전 단계에 이르러 나름대로 고정된 중심지가 생기면, 다시 말해 캠프도 없이 이곳저곳 떠돌지 않아도 될 정도가 되면, 노새 정도는 오갈 수 있는 작은 오솔길부터 트럭까지 다닐 수 있는 제대로 된 길까지 다양한 도로를 건설해야 한다. 이때에도 반드시 반군 조직의 능력과 적의 공격력, 예컨대 우리가 만든 도로를 파괴하거나 이용하여 캠프 가까이 접근할 수도 있는 적의 공격력을 고려하여 만들어야 한다. 가장 유의해야 할 점은 보급에 이바지할 도로는 보급을 위해선 다른 방법이 없는 곳에만 만들어야 하며, 적의 기습 공격에 맞서 요충지를 확실하게 지킬 수 있는 상황에서만 도로를 건설해야 한다는 것이다. 다만 소통을 좀 더 편안하게 해줄 수 있는 지점 간의 도로 연결이나, 크게 필요하진 않더라도 건설에 따른 위험 요소가 없는 지점 간의 도로 연결이라면 한번 고려해 볼 수 있다.

다른 소통 방법도 생각해 볼 수 있다. 가장 중요한 것 중의 하나는 전화선인데, 나무를 지지대로 이용하면 산속에 쉽고 폭넓게 가설할 수 있으며, 적이 아무리 높은 곳에서 지켜봐도 잘 보이지 않는다는 장점이 있다. 그리고 전화선을 설치했다는 것 자체가 적군이 접근할 수 없는 지역이라는 것을 의미한다.

게릴라들이 자신만의 영토를 확보했다면, 일상의 법과 혁명 정신이 담긴 법을 집행하고 행정을 담당할 중앙 기관이 절대적으로 필요하다. 이는 국내법에 대해 잘 아는 사람이 맡아야 하며, 입법 차원에서 해당 지역에 필요한 법이 무엇인지 정확하게 이해하고 있는 사람이 있다면 더 바람직하다. 특히 반군 지역 안에서의 생활을 정상화하고 제도화시켜 농민을 도와줄 수 있는 일련의 법 조항이나 규범을 제정할 수 있어야 한다.

쿠바 전쟁을 통해 얻은 우리의 경험을 예로 들어보자. 우리는 형법, 민법, 농민에 대한 공급을 다룬 조례, 토지개혁법 조문 등을 다듬었다. 그리고 훗날 시행할 전국적인 선거를 열망하고 있는 사람들을 위한 사면법, 시에라마에스트라에서의 토지개혁법 등을 제정하였다. 이처럼 법을 관리하는 중앙 기관은 게릴라 부대의 금전적인 문제를 비롯한 모든 회계에 대한 관리 책임도 있으며 때에 따라서는 공급 문제에도 개입할 수 있다.

이 모든 것은 역사·지리적으로 구체적인 장소 즉 쿠바에서 얻은 살아있는 경험을 바탕으로 하는 권고로, 탄력적으로 적용하면 된다. 역사, 지리, 사회적인 조건이 다른 곳에서 경험을 쌓았다면 얼마든지 다른 내용을 권고할 수도 있을 것이다.

중앙 기관뿐만 아니라 보편적인 공중보건 또한 심각하게 고려해야 한다. 거점 병원인 중앙 군사병원을 기반으로 적극적인 역할을 해야 하며 농민들에게 완벽한 진료를 보장해야 한다. 적절한 의료 서비스를 제공할 수 있는지는 혁명이 어느 단계에 도달했는지에 따라 달라진다. 민간 병원과 보건소는 모두 반군과 직접 연결되어 있어야 하며, 모든 임무는 공무원과 반군이 함께 수행해야 한다. 여기에선 민중을 치료하는 업무와 건강 개선을 위해 올바른 방향을 제시하는 업무, 두 가지 업무를 맡아야 한다. 대치 상황에서 벌어질 수 있는 주민들의 공중위생 문제 중에 가장 심각한 것은 보건의 가장 기본 원칙을 간과하고 있다는 데서 비롯하는데, 이로 인해 불안한 상황은 한층 더 심화될 수밖에 없다.

세금 징수는 이미 앞에서 말한 바와 같이 중앙 기관에 속하는 업무이다.

군수품 및 식량 창고는 정말 중요하다. 정착에 관한 기본 원칙이 정립된 장소가 마련되면, 게릴라는 일단 창고부터 만들어 최선을 다해 정리해야 한다. 창고는 비품 공급에 대한 근심을 덜어줄 수 있을 뿐만 아니라 통제가 적극적으로 이루어질 수 있도록 해줄 것이다. 이러한 통제를 통해 장차 잘못된 분배 문제를 바로잡아 공평한 분배를 가능하게 할 수 있다.

외부 전선에서도 마찬가지인데, 질적인 문제인지 양적인 문제인지에 따라 기능이 달라진다. 예를 들어, 선전은 국내 차원의 문제로, 주민을 계도하고 동료들이 쟁취한 승리를 널리 알릴 수 있어야 한다. 농민과 노동자를 민중 투쟁의 장으로 효과적으로 끌어들일 수 있어야 하며, 전선에서 새롭게 들어온 승리의 소식을 바로 전해주어야 한다. 자금 조달은 언제나 최대한의 주의를 기울여 비밀리에 이루어지도록 하고, 가장 말단 모금자와 재무 담당자 사이의 연결 고리를 완벽하게 끊어놓아야 한다.

자금 조달 조직은 일부분으로써 전체를 구성하고 있는 주, 도, 시, 읍 등 모든 지역에 분포해야 하는데, 운동의 규모에 따라 달라진다. 각 조직마다 자금 조달 방향을 결정할 재무위원회가 있어야 한다. 채권을 발행하거나 직접 기부를 유도하여 모금할 수 있고, 투쟁이 심화되면 세금을 걷을 수도 있다. 모든 공장은 혁명군이 보유한 위대한 힘을 인식한다면 기꺼이 세금을 낼 것이다. 보급은 게릴라군이 표명한 필요성에 따라야 하며, 물품 조달은 사슬로 연결한 것과 같은 형태로 조직해야 한다. 일반적인 것은 가능하면 가까운 곳에서 얻는 것이 바람직하고, 부족한 것은 지역 중심지에서, 정말 구하기 어려운 것은 다른 지방에서 구해야 한다. 이런 식으로 모든 것을 단계적으로 연결하되 가능하면 가장 가까운 곳에서 구하려고 노력해야 한다. 또한, 소수의 사람만이 알 수 있어야 좀 더 오래 임무를 수행할 수 있다.

사보타주는 지휘부와 협력 관계를 구축하고 있는 외부의 민간 조직이 스스로 통제해야 한다. 꼼꼼한 분석을 요구하는 특수 상황에서는 개인 단독으로 암살을 하는 것도 가능하다. 그러나 민중에게 심한 악행을 일삼았거나 고압적인 태도로 인해 악명이 높은 인물을 제거하는 경우가 아닌 한 일반적으로 암살은 부정적으로 인식된다는 점을 고려해야 한다. 쿠바 항쟁에서 얻은 경험은, 그 가치로 봤을 때 정말 보잘것없는 임무를 완수하기 위해 희생당한 위대한 동료들의 수많은 생명을 구할 수도 있었다는 사실을 우리에게 알려주었다. 그뿐만 아니라 이로 인해 적의 총을 맞고 쓰러졌거나 보복을 받아 동료 대원을 잃어야만 했던 그 고통이, 우리가 얻어낸 그 결과와는 비교할 수조차 없었다는 사실 또한 잘 알고 있다. 따라서 무차별적인 테러나 암살은 절대로 사용해서는 안 된다. 사람들을 하나로 묶기 위한 위대한 작업이 훨씬 더 바람직하다. 이를 통해 혁명 사상을 고취시키고 더 무르익게 할 수 있다. 또한, 궁극적으로는 때가 되면 무장 혁명군의 적극적인 도움을 받아 혁명에 뛰어들게 할 수도 있고, 굳은 의지로 혁명의 편에 서게 만들 수도 있다.

이를 위해서는 노동자, 전문가, 농민 들이 만든 인민 조직의 도움을 받아야 한다. 이들은 거리에 널린 각종 선전 인쇄물을 같이 읽고 설명하면서 대중에게 혁명의 씨를 뿌려야 한다. 한마디로 진실을 널리 알려주어야 한다. 혁명을 알리는 선전이 지녀야 할 특성 중 하나는 진실성이다. 한 걸음씩 차분하게 대중의 마음을 얻어야 한다. 그러면 그들 중에서 대중을 혁명군에 끌어오거나, 커다란 책임을 질 과업을 수행할 사람이 나올 것이다.

여기까지는 민중 항쟁의 시기에 게릴라 영토 안팎에서 만들어야 할 민간 조직의 전체적인 모습에 대해 살펴보았다. 이 모든 것이 최고로 완벽한 단계에 올라설 가능성도 있다. 재차 강조하지만 내가 지금까지 한 이야기는 쿠바에서의 경험을 바탕으로 한 것이다. 새로운 경험이 더해진다면 지금까지의 개념을 좀 더 다양하고 깊이 있게 개량할 수 있을 것이다. 우리는 경험에 기초하여 개괄한 하나의 도식을 제안하는 것일 뿐 성경 말씀을 주려는 것이 아니다.

1장 — 게릴라 투쟁 총론
2장 — 게릴라
**3장 — 게릴라 전선 조직**
4장 — 부록

# ③ 여성의 역할

혁명 전개의 전 과정에서 여성의 역할은 대단히 중요하다. 이는 매우 강조해야 할 필요가 있다. 모든 중남미 국가에는 식민지 의식에 빠져 여성을 낮게 평가하는 자세가 남아있는데, 이러한 자세는 결국 여성을 억압하는 진정한 의미에서의 차별로 이어진다.

여성은 가장 어려운 과제까지도 수행할 능력이 있다. 남자들 곁에서 전투를 하는 등의 고난도의 임무를 수행할 능력도 있으며, 사상적이고 조직적인 토대만 갖출 수 있다면[52] 부대 내에서 자주 벌어지는 성적인 갈등을 야기하지 않는다.

여성들은 전투원으로서의 엄격한 생활을 지키면서 그들만이 지닌 다양한 능력을 통해 이바지할 수 있는 동료로, 당연히 남성과 똑같이 임무를 수행할 수 있으며 치열하게 싸울 수도 있다. 물론 육체적으로는 조금 약할 수도 있지만, 남성 못지않게 버티는 힘이 있다. 때가 되면 남성이 하는 모든 유형의 전투에서 주어진 과제를 수행할 수 있다. 쿠바 무장항쟁 과정에서는 정말 두드러지는 역할을 했다.

일반적으로 여성 전사는 소수이다. 어느 정도 내부 전선이 강화되어 어쩔 수 없이 육체적으로 활동할 수밖에 없는 전사들을 제외하고 여성 대원을 점차 줄여야 할 때가 오면, 그들을 몇 가지 특수 직무에 종사시킬 수 있다. 이러한 직무 중에서 가장 중요한 것 중

---

52 밑줄 친 부분은 체 게바라가 붉은색으로 덧붙여 놓은 부분이다.

의 하나는, 가장 중요하다고도 할 수 있는 것인데, 여러 전투부대 사이를, 특히 적의 관할지 안에 있는 부대들 사이를 연결하는 통신 업무일 것이다. 메시지나 자금처럼 중요하면서도 부피는 작은 것을 운반하는 일은 게릴라군이 전폭적으로 신뢰하는 여성에게 맡기는 것이 좋다. 여성들은 정말 다양한 속임수를 이용하여 물건을 운반할 수 있다. 탄압이 아무리 심하고 수색이 아무리 끈덕져도 여성은 남성보다는 비교적 의심을 덜 받는다. 그래서 메시지나 중요한 물건 혹은 비밀을 유지해야 하는 물건들을 운반하기에 용이하다.

단순한 메시지인 경우, 구두로 전하든 문서로 전하든 간에 여성은 언제나 남성보다 훨씬 더 자유롭게 과제를 수행할 수 있다. 대부분 적은 자기를 공격할지도 모른다는 생각에 미지의 인물에 대해 두려움을 느껴 끈질기게 추적하고 난폭한 짓을 한다. 그런데 여성은 비교적 주의를 덜 끌 뿐만 아니라, 적에게 위험하다는 생각을 유발하지 않는다. 그러므로 여성은 이런 식으로 이용하는 것이 바람직하다.

서로 멀리 떨어진 부대 간의 접촉, 예컨대 전선 밖이나 국외에 메시지를 전달해야 하거나 총탄처럼 어느 정도 부피가 있는 물건을 전달해야 할 때는 치마 속에 맬 수 있는 특수 복대를 이용하여 여성이 운반하는 것이 바람직하다. 일상적으로는 이런 전시 상황에서 평화를 느낄 수 있게 해주는 과제를 수행할 수도 있다. 형언하기 어려울 정도로 가혹한 상황에 노출된 병사들을 생각하면 정말 고마운 일이다. 뭔가 감칠맛 나는 색다른 음식을 만들어주는 것도 이런 임무에 포함된다(전쟁에서 가장 끔찍한 고문 중 하나는 날마다 차갑게 식은 걸쭉한 마사코테[53]를 싱겁기 짝이 없게 먹어야 하는 것이다). 여성이 요리하는 경우 식사 문제를 개선하여 가정식 수준을 유지할 수 있게 해준다. 게릴라전이 진행되는 동안 직면할 수밖에 없는 문제 중 하나는, 민간인이 하는 것이 바람직한 일들이 게릴라군 사이에서는 지나치게 경시되고 있다는 점이다. 대부분 이러한 일은 포기하고 적극적으로 전투부대에만 들어가려고 한다.

여성이 맡아야 할 가장 중요한 과제는 지역 농민에게, 무엇보다 혁명에 가담한 병사들에게 글자를 읽는 법부터 혁명 이론까지 가르치는 것이다. 민간 조직의 일부라고 할 수 있는 학교 조직은 기본적으로 여성들에게 운영을 맡길 수밖에 없다. 여성은 아이들에게 열정을 불어넣을 수 있으며 학생들의 공감을 끌어낼 수 있다. 또한 전선이 강화되고 후방이 만들어지면, 지역민이 안고 있는 모든 사회 경제적인 문제들을 가능한 수준에서 개선하기 위해 연구해 나가야 할 사회복지 업무 역시 여성에게 맡기는 것이 바람직하다.

여성은 공중위생 분야에서 간호사나 의사로도 활동할 수 있는데, 무기를 든 거친 동료들보다는 훨씬 더 따뜻하고 부드럽게 마음을 전하는 정말 중요한 역할을 할 수 있다. 특히 게릴라전의 특성상 수많은 위험에 노출될 수밖에 없는 남자들이 마음의 안정을

---

[53] mazacote. 죽처럼 묽은 음식.

잃거나 극심한 고통에 빠져 스스로 허탈해져 있을 때 중요한 역할을 할 수 있다.

게릴라들이 소규모라도 공장을 만들 수 있는 시기에 도달하면 여성들은 여기에서도 조력을 제공할 수 있다. 특히 라틴아메리카 국가들에서는 전통적으로 여성들이 맡아왔던 군복 만드는 일을 할 수 있다. 재봉틀과 같은 최소한의 기계와 옷본만으로도 우리에게 놀라움을 안겨줄 수 있다. 여타의 민간 조직 분야에서도 여성은 조력을 제공할 수 있고 완벽하게 남성을 대체할 수 있다. 무기를 운반할 인력이 부족할 경우 이런 일까지도 맡을 수 있다. 하지만 이런 일은 정말 예외적인 상황에서만 맡겨야 한다.

부대의 윤리의식을 심하게 훼손할 수 있는 여러 가지 분란을 피하기 위해서는 남녀 모두에게 적절한 지도가 필요하다. 그렇지만 게릴라 규범이 요구하는 바를 충족할 수 있다면, 이미 약혼한 경우가 아니어도 서로 좋아하는 사람이 생기면 비록 산중 생활을 하고 있긴 하지만 결혼을 하거나 결혼 생활을 유지하는 것을 허용해야 한다.

## ④ 공중보건

게릴라들이 직면하게 되는 심각한 문제 중 하나는 현재 영위하는 생활에서 발생하는 다양한 유형의 사고들, 게릴라전이라는 특수 상황에서 빈번하게 발생하는 부상과 질병 들에 대해 무방비 상태에 있다는 것이다. 게릴라전에서 의사는 정말 중요한 역할을 한다. 의사가 의학적으로 개입하고 싶어도 가진 자원이 너무 빈약하여 별 의미가 없는 경우가 많긴 하지만, 의사는 좁은 의미에서 생명을 구하는 일뿐만 아니라 정신적인 부분에서도 환자를 돌봄으로써 환자들이 자신의 아픈 상처를 치유해 주려는 사람과 함께 있다는 것을 느낄 수 있게 해주어야 한다. 부상당하거나 병에 걸려도 완치될 때까지 의사가 당연히 곁에 머물러줄 거라는 확고한 믿음을 갖게 해줘야 한다.

병원 조직의 형태는 게릴라전의 진행 단계에 따라 달라진다. 기본적으로는 생활 방식에 따라 세 가지 유형의 병원 조직을 이야기할 수 있다.

제일 초기 단계에서 우리는 유목 즉 떠돌이 삶의 국면을 거칠 수밖에 없다. 이때 만일 의사가 있다면 의사 역시 계속 동료들과 함께 이동해야 하는데, 대개는 한 사람 이상의 역할을 한다. 전투를 포함한 게릴라 대원으로서 수행해야 할 역할도 동시에 맡아야 하는 것이다. 따라서 이 단계에서 의사는 감당하기 어려울 정도로 피곤할 뿐만 아니라, 적절한 치료로 생명을 구해야 하는데 이를 위한 수단이 없는 경우에도 치료를 맡아야 하는 절망적 상황에서 과제를 떠안을 수도 있다. 이런 시기일수록 의사는 부대의 사기 측면에서 많은 영향력을 미칠 수밖에 없다. 게릴라들이 열심히 발전하고 성장해야 하는 이 시기에 의사는 진정한 의미에서 사제가 지녀야 할 덕성까지 지녀야 하며, 절실하게 필요한 따뜻한 위안까지도 빈 배낭에 넣고 다녀야 한다. 자신의 고통을 공감해 주는 사람이 따뜻한 마음으로 건네는 별것 아닌 아스피린 한 정이, 고통받고 있는 사람에게는 얼마나 큰 가치를 지니는지 다른 사람들은 헤아리기 어려울 것이다. 그런 의미에서 게릴라전 초기 단계에서 의사는 전적으로 혁명의 이상과 일치된 사람이어야 한다. 그렇게 되면 그는 부대 내의 그 누구보다도 훨씬 더 효과적인 설교를 할 수 있을 것이다.

게릴라전이 정상적으로 진행되면 우리는 '반-떠돌이(semi-nomadic)'라고 부르는 단계로 넘어가게 된다. 이 시기에는 최소한 게릴라 부대가 자주 찾게 되는 캠프가 세워진다. 확실하게 믿을 수 있고 기분 좋게 쉴 수 있는 건물이 생겨, 그곳에 물건을 보관할 수도 있고 때에 따라선 부상자를 위탁할 수도 있게 된다. 부대도 점차 눈에 띌 정도로 정착 생활의 모습을 보이게 된다. 이 시기가 되면 의사가 해야 할 과제는 조금은 덜 피곤한 것으로 바뀌며, 극단적인 응급 상황을 대비한 외과용 장비를 배낭에 넣고 다닐 수도 있고, 편하게 쉴 수 있는 건물에 차분하게 수술을 할 수 있는 다양한 장비를 갖추어놓을 수도 있다. 따뜻한 도움을 제공할 수 있는 농민들에게 환자나 부상자를 잠시 맡길 수도 있으며, 다양한 의약품을 비교적 형편이 좋은 곳에 보관해 두고 사용할 수도 있다. 의약품은 꼼꼼하고 완벽하게 목록을 작성해서 각각의 약품 특성에 맞는 적절한 조건 아래 보관해야 한다. 이와 같은 '반-떠돌이' 단계에서 적의 접근이 쉽지 않은 곳을 확보하면 그곳에 병원이나 병원을 대신할 수 있는 건물을 세움으로써 부상자와 환자의 회복을 도모해야 한다.

이제 세 번째 단계이다. 적군이 절대로 점령할 수 없는 곳이 생겼다는 것은 진정한 의미에서의 병원 혹은 병원 조직을 만들 때가 되었다는 것을 의미한다. 가용 수단 차원에서 가장 완벽한 시기로 세 가지 각자 다른 범주로 나눌 수 있다. 먼저 첫 번째 범주에 속하는 의사는 전선에 파견되는 의사이다. 이때 의사는 전투원으로서 전투 현장을 누비면서 부대원들의 사랑을 받을 수 있는 사람이어야 한다. 이들의 의학 지식은 지나치게 깊을 필요가 없다. 이 단계에서의 의료 행위는 전적으로 환자나 부상자들의 고통을 줄이는 데 맞춰진 사전 준비 정도이기 때문이다. 진정한 의미에서의 치료는 깊숙한 곳에 자리 잡은 병원에서 이루어질 것이다. 따라서 최고의 능력을 갖춘 외과 의사를 전선에 배치해 희생을 강요해선 안 된다.

대원이 최전선에서 쓰러지면 가능한 한 게릴라 조직에서 파견된 의무병이 일차적인 장소로 그를 옮겨야 하는데, 이것이 불가능하다면 동료들이 직접 이 작업을 수행해야 한다. 가파른 지형에서 부상자를 옮기는 일은 정말 세심한 주의가 필요한 일이자, 병사들에게 닥칠 수 있는 가장 고통스러운 작업 중 하나이다. 부상자가 너무 고통스러워하는 데다가 운반이 부대의 능력 밖의 일이라고 여겨질 정도로 버거운 경우에도 지형의 특성에 따라 다양한 방법을 동원해서 반드시 옮겨야 한다. 게릴라전에서는 가장 이상적인 지형이라고 할 수 있는 나무가 우거지고 험준한 곳에서는 대체로 한 사람씩 일렬로 걸어야 한다. 이런 곳에서 가장 이상적인 운반법은 긴 막대기에 해먹을 매달아 들것을 만든 다음 여기에 부상자를 눕혀 운반하는 것이다.

부상자가 체중이 많이 나가는 사람이라면 교대로 순서를 바꿔

가며 이송해야 하는데, 한 사람이 앞에 서고 다른 사람이 뒤따르면 된다. 무거운 환자를 아주 조심스럽게 옮기다 보면 어깨에 무리가 가면서 금세 탈진할 수밖에 없는데, 그때는 나머지 사람들이 얼른 교대해 주어야 한다.

부상당한 병사가 1차 병원으로 이송되면, 2차 병원에서 무엇을 해야 하는지를 밝힌 차트와 함께 2차 중앙병원으로 다시 옮겨야 한다. 여기에선 외과 의사와 전문의가 상주하면서 게릴라 부대의 역량을 총동원하여 생명을 구하거나 최선을 다해 필요한 수술을 할 것이다. 이것이 두 번째 범주에 속하는 의사의 역할이다. 세 번째 범주가 가능하려면, 지역 내에서 주민을 괴롭히는 질병의 원인과 영향을 직접 연구할 수 있도록 정말 편안하다는 느낌을 받을 수 있는 병원을 세워야 한다. 세 번째 범주에 속하는 병원은 게릴라들의 정착 생활 단계에 들어서야 가능한 것으로, 부상자의 회복과 응급을 요구하지는 않는 수술을 주 임무로 삼는 중앙병원의 역할을 해야 한다. 그리고 민간인과의 관계까지 고려하여 여기에 근무하는 공중위생 관련 종사자들은 주민의 공중보건 길잡이 역할까지 맡아야 한다. 또한 개인별 진료가 가능한 무료 진료소도 세워야 하며, 민간 조직의 공급 능력을 이용하여 검사할 수 있는 장비와 방사선 치료에 필요한 장비까지도 갖춰야 한다.

여기에서 꼭 필요한 인력은 의사들의 조수 역할을 할 수 있는 의무병이다. 이들은 상당 수준의 의학 지식을 갖추었으면서 소명 의식이 있고 육체적으로도 건강한 젊은이들이어야 한다. 이들은 대체로 무기를 들지 않는데, 자신이 지닌 신념 때문인 사람도 있지만 대부분은 무기를 들고 싶어도 무기가 충분하지 않기 때문이다. 의무병들은 상황에 따라 의약품과 들것, 해먹 등의 운반을 책임져야 하며, 어떤 전투에서든 부상자가 발생하면 이들을 돌봐야 한다.

필요한 의약품은 적의 후방에 있는 공중보건 조직과 접촉해 얻을 수 있다. 그리고 경우에 따라서는 국제 적십자사를 통해서도 얻을 수 있지만 무장항쟁의 초기 단계를 제외하고는 너무 지나치게 이에 의존해서는 안 된다. 절박한 상황이 닥쳤을 때 신속하게 필요한 의약품을 구해 올 수 있는 조직을 만들어 두고 이들을 통해 군인과 민간인을 가리지 않고 치료하는 데 필요한 물품을 병원에 충분히 공급할 수 있어야 한다. 또한 게릴라 부대에 소속된 의사들의 능력이나 도구로는 해결할 수 없는 부상자 문제를 도와줄 수 있는, 인접 지역에 사는 의사들과 접촉을 유지해야 한다.

이처럼 게릴라전에서는 다양한 성격의 의사들이 필요하다. 전투를 병행하는 의사, 즉 게릴라 대원들과 동료가 될 수 있는 의사는 첫 번째 단계에서 필요한 의사인데, 게릴라 작전이 복잡하고 어려워짐과 동시에 부속 기관들이 만들어지기 시작하면 이들의 역할은 끝이 난다. 게릴라와 같은 성격의 군대에서는 일반외과 의사가 가장 절실하며, 마취과 의사가 있다면 최상이다. 수술 대부분이 취급이 쉬우면서도 쉽게 구하고 보관할 수 있는 라각틸과 펜토탈[54]을 이용한 가스 마취를 통해 이루어진다. 일반외과 의사 못지않게 정형외과 의사도 필요하다. 지역 내에서 일어나는 골절

---

[54] 라각틸은 클로르프로마진의 상품명이며, 펜토탈은 티오펜탈나트륨의 상품명이다.

사고에 의한 환자가 적지 않으며, 팔다리에 총을 맞아도 이런 유형의 부상이 일어난다. 의사는 농민대중 안에서도 자신의 임무를 수행해야 한다. 일정 범위 안에선 게릴라 대원들의 질병은 쉽게 진단하고 치료할 수 있지만, 오히려 (농민들에게 발생하는) 영양 결핍으로 인한 질병을 개선하는 것이 더 어렵다.

이 단계에서 더 나아가면, 더 좋은 병원을 세워 좀 더 복잡한 과제까지도 수행할 수 있는 연구실을 만들 수 있다. 필요하다면 다양한 서비스를 제공할 수 있는 다양한 전공 분야의 의사를 둘 수 있는데, 이러한 요구에 응답하여 자신이 가지고 있는 능력을 제공할 의사를 불러 모아야 한다. 사실 모든 분야의 전문의들이 필요하다. 외과 의사도 필요하지만 치과 의사도 필요하다. 사실 치과 의사도 반드시 있어야 한다. 야전에서도 실질적인 치과 진료를 할 수 있도록 각종 장비와 치과용 드릴을 가지고 자발적으로 참여해달라고 설득할 수 있어야 한다.

## ⑤ 사보타주

게릴라식 투쟁을 시작한 민중에게 사보타주는 절대적인 무기이다. 사보타주 조직은 민간 조직의 일부이거나 비밀리에 만들어진 것이어야 하며, 언제나 혁명군 관할지를 벗어난 곳에서 활동해야 한다. 그렇지만 이 조직 또한 게릴라 지휘사령부의 명령을 받아 방향을 잡아야 한다. 이때 지휘사령부는 공장이나 통신시설 혹은 그 밖에 어떤 목표물을 공격하는 것이 가장 바람직한지 책임지고 결정할 수 있어야 한다.

사보타주는 테러와는 아무 상관이 없다. 테러나 암살 등과는 전적으로 다르다. 우리 생각에 테러는 어떤 식으로든 원하는 효과를 얻을 수 없는 부정적인 무기이다. 오히려 민중의 마음을 혁명에 반대하는 쪽으로 돌려버릴 수도 있으며, 경우에 따라서는 제거하려 했던 사람들보다 작전에 참여했던 사람들이 더 많이 생명을 잃을 수도 있다.

한편 개인이 실행하는 암살 같은 작전은 잘 선별하여 한정된 상황에서만 사용해야 한다는 어려움이 있지만, 실행에 따른 정당성을 확보하기 쉽다. 하지만 이런 방법도 적군의 우두머리를 제거하는 데만 한정해서 사용해야 한다. 할 수도 없을뿐더러 절대로 해서는 안 되는 작전이 있다면 보잘것없는 살인범을 제거하는 데 전문적인 능력을 갖춘 영웅적인 인간을 희생의 도구로 사용하는 것이다. 특히 이런 보잘것없는 인간의 죽음이 불러올 보복으로 인해 혁명에 가담하고 있거나 앞으로 가담하게 될 많은 사람이 희생될 수도 있다.

사보타주에는 두 가지 유형이 있다. 구체적인 목표를 가진 전국 단위의 사보타주와 전선에서 가까운 곳에서 벌이는 사보타주가 있다. 전국 단위의 사보타주는 기본적으로 통신시설 파괴를 목표로 해야 한다. 각각의 통신시설은 다양한 방법을 사용하여 파괴할 수 있는데 대부분 약점을 가지고 있다. 예를 들어 전화와 전신용 전봇대는 대부분이 톱을 사용하여 쉽게 베어버릴 수 있다. 밤에 보면 아무런 해도 입지 않은 것처럼 보이지만 살짝 발로 밀기만 해도 힘없이 넘어지는데, 이때 다른 전봇대들은 조금만 잘라놓아도 한꺼번에 다 같이 쓰러져 상당히 넓은 범위가 무력화된다.

교량도 공격할 수 있다. 다이너마이트를 터트리면 되는데 만약 다이너마이트가 없으면 철교의 경우 산소절단기를 이용하여 철저하게 무너뜨릴 수 있다. 현수교는 주탑을, 그러니까 전체 구조물을 지탱하고 있는 가장 큰 탑을 잘라내면 된다. 산소절단기를 이용하여 두 개의 주탑을 자른 다음 건너편으로 가서 이와 연결된 나머지 두 개를 자르면 된다. 그러면 현수교는 한쪽으로 쓰러지면서 케이블이 꼬여 무너진다. 이 방법이 다이너마이트를 사용하지 않고 철교를 무너뜨리기 위한 가장 효과적인 방법이다. 철도 역시 파괴해야 하고, 도로나 상하수도도 마찬가지이다. 경우에 따라선 기차를 날려버려야 하는데, 이럴 땐 언제나 게릴라의 힘을 빌려야 한다.

각 지역에서 가장 중요한 공장 시설도 결정적인 순간이 오면 각각에 적합한 장비를 이용하여 파괴해야 하지만, 이 경우엔 문제를 전체적으로 보고 판단할 수 있어야 한다. 잘못하면 노동자 대중이 실직하여 굶주리게 되므로 결정적인 순간이 아니라면 노동의 뿌리가 될 수 있는 공장 시설은 절대로 파괴해선 안 된다는 점을 명심해야 한다. 너무 심각한 사회적인 영향을 가져오는 경우가 아니라면, 구체제의 대리인이 운영하는 공장을 왜 파괴해야 하는지 그 이유를 노동자들에게 잘 설명한 다음 가차 없이 제거해야 한다.

적의 병참선을 사보타주하는 것의 중요성을 다시 한 번 강조하고 싶다. 그다지 험하지 않은 지형에서 반군에 맞서 사용할 수 있는 적의 가장 멋진 무기는 빠른 소통을 가능하게 해주는 병참선과 같은 도구들이다. 우리는 이러한 무기 즉 교량, 상하수도 시설, 전기선, 전화선 등을 지속적으로 파괴해야 한다. 다시 말해 현대적인 생활을 정상적으로 누릴 수 있게 해주는 모든 것을 파괴해야 한다.

전선과 가까운 곳에서 벌이는 사보타주 역시 이와 똑같은 방법을 사용하되 좀 더 과감하게, 좀 더 열정을 가지고 자주 실행해야 한다. 이 경우에는 해당 지역까지 내려가 과제 실현을 위해 민간 조직원을 도울 수 있는 게릴라군 기동대의 귀중한 조력까지도 고려해야 한다. 사보타주는 주로 적의 병참선을 향해 끈질기게 실행되어야 한다. 그리고 해방군에 맞서 적군이 공격력을 유지하는 데 필요한 물품을 생산, 공급하는 거점 생산시설과 공장들 역시 하루빨리 청산해야 한다.

또한 적을 위해 만든 상품을 빼앗을 수 있어야 한다. 적에게 가는 보급을 최대한 막아야 하고, 필요하다면 적에게 농수산물을 팔고자 하는 대지주를 협박할 수도 있다. 도로를 오가는 운반 차량을 불태운 다음 그 차로 도로를 막아야 한다. 그리 멀지 않은 곳에 있어 적군과 빈번하게 접촉할 수 있는 교차로에서 벌어지는 사보타주 활동은 언제나 치고 빠지는 스타일의 공격을 해야 한다. 너무 격렬하게 저항할 필요까진 없지만, 사보타주가 일어나는 곳에는 언제나 전투 준비가 된 게릴라군이 있다는 사실을 적군에게 인식시킬 수 있어야 한다. 적군이 그곳에 가야 할 때는 많은 병력을 끌고 와야 하거나, 최대한 조심해야 하거나, 그곳을 아예 드나들지 못하도록 위협해야 한다.

이런 식으로 게릴라의 작전 지역에서 가까운 곳에 있는 모든 도시를 차례로 마비시킨다.

# ⑥ 전시 산업

게릴라 관할지 안에 있는 전시 산업은 상당히 오랜 시간 발전해 온 결과물이다. 또한 게릴라 부대가 지리적으로 매우 유리한 상황에 있다는 것을 보여준다. 해방된 구역은 존재하지만 보급선을 적군이 철저하게 봉쇄한 경우에는 앞에서 한 번 다루었듯이 반드시 내부에 여러 가지 필요한 부서를 만들어야 한다. 기본적으로 구축해야 할 산업 시설은 군화 공장과 가죽 공방이다. 숲이 우거진 곳, 울퉁불퉁한 곳, 자갈이 많은 곳, 가시가 많은 곳은 군화가 없으면 행군할 수 없다. 이러한 환경에서 행군한다는 것은 너무 어려운 일이기 때문에 오직 그곳에서 태어나고 자란 사람만이 가능하다. 그러므로 나머지 사람은 반드시 군화를 신어야 한다. 여기에서 군화 공장은 다시 두 부문으로 나눌 수 있다. 하나는 앞창을 대거나 망가진 부분을 수선하기 위한 공장이고, 또 다른 하나는 튼튼한 군화를 제작하는 일을 맡아야 한다. 제화 장비는 작지만 완벽한 세트로 갖추고 있어야 하는데, 많은 사람이 종사하는 수공업이기 때문에 어렵지 않게 구할 수 있다. 군화 공장과 함께 가죽 공방도 있어야 한다. 이곳에서는 아주 질긴 천이나 가죽을 이용하여 부대에서 언제나 일상적으로 사용되는 탄띠나 배낭 같은 소소한 군수품을 만드는 일을 한다. 필수적으로 필요한 시설은 아니지만 만들어 놓으면 대원들을 훨씬 편하게 해줄 것이고, 자급자족할 수 있다는 생각에 부대 복지에 대한 자부심을 느끼게 해줄 것이다.

게릴라의 내부 소조직을 위한 또 하나의 기본 산업은 무기 공장이다. 무기 공장은 매우 다양한 역할을 할 수 있는데, 부대에 있는 모든 총기류와 여타 무기의 고장 난 부품을 가볍게 수리하는 일, 인민 대중의 창의성에 기초한 여러 가지 형태의 전투 무기 제작, 다양한 메커니즘을 가진 다이너마이트의 제조 및 조작 등의 일을 할 수 있다. 조건이 되어 화약 제조를 맡을 팀을 더할 수 있다면 금상첨화다. 만일 해방된 게릴라 점령지 안에서 공이치기 장치뿐만 아니라 폭발물까지 제조할 수만 있다면, 가장 중요한 범주라고 할 수 있는 이 분야에서는 최고의 성과를 거뒀다고 말할 수 있다. 다이너마이트를 적절하게만 사용할 수 있다면 지상에서[55] 이루어지는 모든 소통을 완벽하게 마비시킬 수 있다.

그 외에 나름대로 중요하다고 할 수 있는 산업으로는 대장간과 철공소를 들 수 있다. 대장간에서는 노새에게 씌울 멍에와 편자 등을 만드는 작업을 할 수 있고, 철공소에서는 놋쇠를 이용한 여러 가지 용품을 만들 수 있는데, 그중 가장 중요한 것으로 군용 반합이나 화약통 등을 들 수 있다.

철공소에는 간단한 주물 담당 부서를 두어도 좋다. 조금 무른

---

[55] 이 단어는 체 게바라가 붉은색으로 교체하여 바꾼 말이다.

금속을 녹여 사제 수류탄 공장과 같은 역할을 할 수 있다면, 특수한 형태의 폭발물을 제작할 수 있어 게릴라 부대의 무장에 획기적으로 이바지할 수 있다. 또한 건설과 보수를 전담하는 전문 부서가 있어야 한다. 정규군에서는 보통 이 부서를 '지원 포대'라고 부르는데, 구체적인 분야에서 다양한 업무를 맡을 수 있다. 이 단계에 오면 게릴라 부대에서도 이와 유사한 유형의 포대를 창설하여, 관료주의적인 의식을 버리고 필요한 모든 것을 도와주는 일을 맡겨야 한다.

소통과 관련해서도 전담 부서가 반드시 있어야 한다. 효과적인 임무 수행을 위해서는 라디오처럼 외부 세계에 일방적으로 선전 선동을 하기 위한 소통 기구뿐만 아니라 민간 조직의 필요성도 고려하여 전화를 비롯한 모든 유형의 도로까지도 신경 써야 한다. 언제든 적의 공격을 받을 수 있는 전시라는 것과 수많은 생명의 목숨이 시기적절한 소통에 달려있다는 것을 명심해야 한다.

대원들의 기호를 충족시키기 위해서는 좋은 농장을 골라 담뱃잎을 구매하여 직접 담배나 여송연 공장을 운영하는 것이 바람직하다. 담뱃잎을 해방된 게릴라 점령지 안으로 옮겨 병사들을 위한 소비품을 만들어야 한다. 여타의 중요한 공장으로는 가죽 가공 공장을 들 수 있다. 이런 간단한 공장은 게릴라들이 처한 상황에 어느 정도 적응이 된 지역이라면 어디든 완벽하게 구현할 수 있다. 가죽 가공 공장은 시멘트로 만든 작은 건물 하나만 있으면 되는데, 특히 소금을 많이 소비하게 될 것이다. 이 공장은 군화 공장에서 사용할 원자재를 공급할 수 있다는 큰 장점이 있다. 한편 소금은 혁명을 일으킨 지역에서 직접 생산해야 하며, 많은 양을 확보해야 한다. 소금을 생산하려면 소금 함량이 높으면서 증발이 잘 되는 물이 있는 곳을 찾아가야 한다. 바닷가가 최적지이지만 다른 곳도 가능하다. 비록 처음에는 별로 맛이 좋지 않겠지만 그렇다고 다른 성분을 모두 정제해 낼 필요까지는 없다.

육류는 말려서 보존해야 하는데, 간단한 방법으로 해결할 수 있다. 게릴라군 입장에서 육류는 극한 상황에 처했을 때 많은 생명을 구하는 데 도움이 된다. 소금을 곁들이면 많은 양을 오랫동안 보존할 수 있으므로 외부 상황과 관계없이 준비해 두어야 한다.

# ⑦ 선전

선전 조직은 다양한 수단을 이용하여 혁명 사상을 최대한 폭넓게 유포하는 일을 맡는다. 선전과는 떼어내서 생각할 수 없는 장비, 후원 조직과 더불어 앞으로 과감하게 나아가야 한다. 먼저 이 조직은 국내 민간 조직이 맡는 외부로부터의 선전과 게릴라군 중심에서 맡는 내부로부터의 선전, 두 가지 유형으로 나눠볼 수 있는데, 전국을 두루 감당하기 위해서는 이 두 가지 유형의 조직이 서로 상호보완 작용을 해야 한다. 기능적으로 서로 밀접하게 연계된 두 유형의 선전 조직이 협력할 수 있도록 지도할 수 있는 기관이 존재해야 한다.

해방된 지역 밖에서 민간 조직이 시행하는 국내 선전은 신문, 정기간행물, 격문이나 호외 등을 이용할 수 있다. 여기서 가장 중요한 신문은 국내의 일반적인 사건을 다루면서 동시에 민중에게 게릴라군의 정확한 상황을 전달해야 하는데, 장기적인 관점에서 보면 언제나 진실을 전하는 것이 대중에게 유익하다는 기본 원칙에 충실해야 한다. 일반적인 유형의 이런 정기간행물뿐만 아니라 다양한 분야에서 활동하는 주민을 위한 좀 더 전문적인 간행물도 있어야 한다. 농민을 위한 간행물은 농민들에게 혁명의 혜택을 직접 몸으로 느끼며 살아가는 해방 지역에 사는 동료들의 메시지와 농민 계급의 열망을 전파해야 한다. 그러나 이와 유사한 성격을 띤 노동자 신문이라고 해서 언제나 노동계급의 전사들을 위한 메시지만 싣는 것은 아니다. 마지막 단계에 도달하지 않았다면 노동자 조직의 활동은 언제나 게릴라전 틀 안에서만 움직이지는 않는다.

신문은 혁명운동의 위대한 지령, 호기를 틈탄 총파업 지령, 반군에 대한 지원 지령, 연합에 대한 지령 등을 반드시 알려야 한다. 또 다른 유형의 신문, 예를 들어 게릴라에 직접 가담해 싸우고 있진 않지만 사보타주, 암살 등의 다양한 활동을 하는 사람들이 맡아야 할 임무를 널리 알리는 신문도 펴내야 한다. 조직 내에 적군을 대상으로 한 신문도 만들어, 이를 통해 적군이 잘 모르는 일련의 행동이나 작전을 설명해야 한다. 운동이 진행되는 모습을 담아낸 정기간행물과 격문도 매우 유용한 수단이 될 수 있다.

가장 효과적인 선전은 게릴라 지역 안으로부터의 선전이다. 주민들이 잘 알고 있는 봉기와 연관된 행동들에 대해 이론적으로 자세히 설명하는 등 이 지역에 사는 원주민에게 먼저 사상을 전파하기 위해 노력해야 한다. 여기엔 모든 게릴라군의 최고 기관지 격인 농민 신문, 라디오, 정기간행물, 격문 등을 이용할 수 있을 것이다.

라디오를 통해 모든 문제와 공습에 대비하는 법, 적군의 위치 등을 친근한 이름을 인용해 가며 널리 알릴 수 있다. 국내 차원의 선전은 독자들에게 주로 흥미를 유발할 수 있는 사건이나 전투를 소개하는 국내 언론에 의지해야 하는데, 아무도 할 수 없는 좀 더 신선하고 좀 더 정확한 소식을 전하려고 노력해야 한다. 국제 통신사와는 전적으로 해방 투쟁과 직접 연결된 일만 이야기해야 한다.

가장 효과적일 수 있는 선전은 국내에서 일어나는 모든 일을 자유로운 분위기에서 느낄 수 있게 해주는 것과 민중의 이성과 감성에 호소하는 것인데 주로 라디오를 통해 입으로 알려야 한다. 라디오야말로 가장 중요한 핵심 요소이다. 전쟁에 대한 열기가 그 지역민의 가슴에서 혹은 국민의 가슴에서 힘차게 타오르기 시작할 때, 불꽃을 지피는 영감을 끄집어낼 수 있는 말 한마디 한마디는 인민의 열기를 더욱 뜨겁게 타오를 수 있게 해줄 뿐만 아니라 미래의 전사에게도 강한 열기를 불어넣어 준다. 널리 알리고, 가르치고, 자극을 주고, 친구와 적 모두에게 미래의 위상을 구체화할 수 있게 해준다. 그러나 라디오 역시 진실이라는 선전의 총론이 지향해야 할 기본 원칙에 따라야 한다. 전시효과라는 측면에서는 비록 효과가 작을지 모르나, 빛 좋은 개살구와 같은 멋진 거짓말보다는 진실을 이야기하는 것이 더 바람직하다. 라디오는 특히 뉴스, 전투, 모든 유형의 조우, 억압에 맞서기 위한 요인 암살 등의 소식을 생생하게 전해주어야 한다. 그리고 올바른 사상의 방향

제시, 주민들을 향한 실질적인 교육, 경우에 따라서는 혁명군 지도자의 연설 등도 함께 전해야 한다.

　근본적으로 혁명운동만을 다루는 신문의 이름은 통일을 지향하는 위대한 상징, 즉 국가 최고의 영웅이나 이와 유사한 것의 이름을 붙이는 것이 바람직하다. 그리고 언제나 이러한 혁명운동이 어디를 향해 나아가고 있는지 사설을 통해 설명하는 것이 필요하며, 국가 차원의 큰 문제들에 대한 바람직한 인식을 가르쳐야 한다. 마지막으로 독자들에게 생생한 흥미를 유발할 수 있는 연재물은 반드시 유지해야 한다.

## ⑧ 정보

"적을 알고 나를 알면 백번 싸워도 위태롭지 않다." 이 중국의 격언은 게릴라전에서는 성경의 시편만큼이나 가치가 있다. 전투를 수행하는 군 입장에서 정확한 정보만큼 유용한 것은 없다. 정확한 정보는 대체로 지역민들이 자발적으로 제공하는 것으로, 그 지역 혹은 그곳에서 일어난 일을 친구이자 연합 관계인 게릴라군에게 이야기해 주는 형식이 될 것이다. 하지만 이러한 정보는 반드시 완벽하게 구조화되어 있어야 한다. 내적으로는 필요한 접촉을 하고 외적으로는 물품을 운반하기 위해서는 반드시 전신과 우편을 취급하는 조직이 있어야 하며, 사실과 정보는 근본적으로 적과의 직접적인 접촉에서 나올 수밖에 없다는 사실을 우리는 잘 알고 있다. 따라서 이런 곳에 남자와 여자, 특히 여자가 침투하여 적군과 끊임없이 접촉해야 하며, 이를 통해 알아낼 수 있는 것이 있다면 서서히 밝혀내야 한다. 그리고 협력 시스템을 갖춰 한 치의 오차도 없이 적의 통신선에서 이루어지는 교신이 게릴라 영역으로 흘러들어 올 수 있도록 해야 한다.

능력 있는 요원이 있어 이와 같은 시스템을 구축하는 것이 가능하다면, 봉기를 일으킨 해방군도 캠프에서 편안하게 숙면할 수 있을 것이다.

이미 이야기했듯이 정보는 <u>기본적으로</u>[56] 최전선의 상황 또는 아직은 누구도 완벽하게 점령하지 못한 땅에 접한 적의 최전선 캠프의 움직임을 담아내야 한다. 게릴라가 좀 더 커지면, 그래서 좀 더 큰 규모의 부대들이 후방에서 어떻게 움직이고 있는지 예측할 수 있는 능력을 키우려면 정보 역량 역시 반드시 제고해야 한다. 게릴라가 점령한 곳이나 침투하고자 하는 곳의 모든 주민은 잠재적으로 게릴라를 위한 정보 요원이 될 수 있다. 그렇지만 자격 조건을 탁월하게 갖춘 사람과 함께하는 것이 좋다. 사실 농민들은 조금 과장해서 이야기하는 경향이 있을 뿐만 아니라 게릴라들의 적확한 언어 사용에는 습관이 들지 않아서 그들의 말을 글자 그대로 믿기는 어렵다. 자발적으로 협력하는 인민의 모델을 만들고 조직화할 수 있다면 정보원 역할을 하는 사람은 그 자체로 굉장히 중요한 조력자가 될 수 있다. 뿐만 아니라 '공포의 씨앗을 뿌리는 사람'으로서 반격 작전에 필수적인 요원이 될 수 있다. 친한 척하면서 병사들에게

---

[56] "문장을 다듬을 것."(붉은색)

다가가 사기를 떨어뜨리는 소식을 전해줌으로써 적군 병사들에게 두려움과 불안감을 퍼뜨릴 수 있는 것이다. 또한 주요한 전술을 펼치는 데 동원하면 기동성을 최대치로 끌어올릴 수 있다. 적군이 어디로 공격해 올지 정확하게 예측함으로써 그들을 쉽게 피할 수 있을 뿐만 아니라 전혀 예기치 못한 장소에서 공격할 수도 있다.

## ⑨ 훈련과 사상교육

해방군에게 가장 기본적인 훈련은 게릴라 생활 그 자체라고 이야기할 수 있다. 대장이 되려면 누구나 매일 반복되는 집총 훈련을 통해 자신이 해야 할 일이 뭔지 체득해야 한다. 물론 무기를 어떻게 다루는지, 방향을 어떻게 찾는지, 민간인은 어떻게 다뤄야 하는지, 어떻게 전투를 해야 하는지 등을 알려줄 수 있는 동료들과 함께 생활할 수 있을 것이다. 그러므로(이를 통해 능력을 키울 수 있으므로) 체계화된 교육에 게릴라의 소중한 시간을 낭비하면 안 된다. 넓은 지역이 해방되었을 때나 갑자기 많은 사람을 전투 임무에 쏟아부을 필요가 있을 때만 이런 교육이 가능하며, 이런 경우엔 신병교육대를 만들어야 한다.

신병교육대는 신병 배출이라는 아주 중요한 역할을 한다. 예컨대 신병이 되고자 찾아오긴 했지만, 게릴라 생활에선 당연히 겪을 수밖에 없는, 모든 것을 박탈당한 처절한 순간이라는 확실한 거름막을 단 한 번도 통과해 본 적이 없는 사람들을 훈련하는 일을 맡아야 한다. 박탈을 견뎌내야지만 진정한 의미에서의 선택받은 사람이 될 수 있으며, 어려운 시험을 거쳐야만 그 어디에도 흔적을 남기지 않는 가난뱅이 군대라는 희한한 왕국에 들어가게 된다. 훈련에는 두 가지 유형의 신체 단련 교육이 있다. 하나는 특수전을 위한 교육으로 민첩한 공격과 후퇴, 기진맥진할 정도의 엄청난 행군 등을 통해 신병들의 민첩성과 생존 능력을 키울 것이다. 특히 노천 생활에 익숙해져야 한다. 그리고 게릴라전을 하면서 자연과 가깝게 접촉하다 보면 무자비한 기후로 인해 시도 때도 없이 겪을 수밖에 없는 고통을 감내할 수 있어야 한다.

신병교육대는 게릴라군의 전체 예산에 지나치게 부담이 되지 않도록 자급자족할 수 있어야 한다. 이를 위해서는 축사, 농장, 채소밭, 착유장 등 필요한 모든 것을 갖춰야 하며, 일꾼도 필요하다. 그리고 훈련병은 보급에 필요한 노동에 교대로 투입되어야 하는데, 훈련 성과가 나쁜 사람이나 자발적으로 지원한 사람을 투입할 수 있다.

어떤 사람을 노동에 투입할 것인지는 교육대가 세워진 지역의 성격에 달려있다. 가장 바람직한 원칙은 자발적으로 지원한 사람을 투입하는 것이지만, 행실이 바르지 못하거나 훈련 성과가 나쁜 사람들에게 부대 전체를 위해 필요한 노동의 일정 부분을 맡게 할 수도 있다.

교육대는 능력이 미치는 대로 의사나 간호사 등을 포함한 소규모 의무 조직을 갖춤으로써 신병들에게 최선의 돌봄을 제공할 수 있어야 한다.

사격은 가장 기본적인 훈련이다. 게릴라 대원이라면 반드시 사격 훈련이 잘 되어있어야 하며, 총탄을 최소로 쓰기 위해 노력해야 한다. 훈련은 표적 사격으로 시작한다. 그림에서 볼 수 있듯이, 이 훈련은 소총을 나무로 만든 거치대에 움직이지 않게 올려놓는 것부터 시작한다. 신병들은 움직이지 않는 상태에서 중앙에 구멍이 있는 흔들리는 표적이 일치하게 잘 겨눠야 한 발 한 발이 과녁의 한복판을 꿰뚫을 수 있다. 여러 발을 쐈는데 탄착점이 하나밖에 없다면 정말 탁월한 실력을 갖춘 것이다. 상황이 허용된다면 22구경 권총 사격을 해 보는 것도 유용하다. 탄약에 여분이 있거나 실전에 투입할 병사가 더 많이 필요한 특수 상황에서는 실탄

사격 훈련

사격을 할 수 있는 기회를 병사들에게 줄 수 있다.[57]

우리 게릴라들이 가장 기본으로 생각하는 능력이자 신병교육대의 가장 중요한 과목 중 하나는 공습을 피하는 훈련이다. 전 세계적으로 보면 이와 같은 훈련을 하는 곳도 있지만, 전혀 훈련하지 않는 곳도 있을 수 있다. 우리 교육대는 완벽하게 열린 공간에 위치하여 하루에도 두세 차례 캠프 위로 적들의 집중 공격이 쏟아지고 있다. 따라서 훈련병들이 일상생활을 하는 교육 장소를 향해 계속되는 공습을 이겨내는 방법을 익히는 것은, 소년병들을 실제 전투에서 싸울 수 있는 유능한 병사로 만들기 위한 마지막 손질과 같다.

신병교육대에서 절대로 소홀히 할 수 없는, 정말 중요한 부분이 사상교육이다. 대체로 왜 여길 왔는지 명확한 개념도 없이, 혹은 확고한 이데올로기적인 토대도 없이, 언론의 자유와 같은 막연한 개념만 가진 채 입대하는 경우가 많다. 그러므로 사상교육은 가능하면 오랫동안 열과 성을 다해 실시해야 한다. 사상교육 과정에서는 역사의 기본 개념을 경제적인 측면에서 명확한 의미를 살려 설명하고, 역사적인 행위의 동기가 무엇이었는지에 대해 가르칠 수 있어야 한다. 국가적인 영웅과 그들이 불의에 맞서 대응한 방식, 국가나 지역 상황에 대한 세세한 분석 결과까지도 구체적으로 설명해야 한다. 모든 반군 구성원들이 힘을 모아 정말 열심히 연구해 만든 이 미니 교범은 뒤에 올 사람들에게도

---

57 이 문단에 표시되어 있는 교정 부분(밑줄)은 모두 붉은색을 사용하였다.

전체를 아우르는 뼈대로 아주 유용하게 활용할 수 있을 것이다.

신병 교육을 담당할 사람을 양성하는 기관도 만들어서, 어떤 교재를 사용할지 선택하고 교육 측면에서 이들 교재가 어떻게 기여를 할 수 있는지 논의하도록 해야 한다.

언제든 교양 강의도 후원해야 하며, 신병들이 별 의미도 없는 일에 시간을 낭비하지 않도록 좋은 책을 선택할 수 있게 도와줘야 한다. 그리고 한 걸음 더 나아가 학문의 세계나 심각한 국가 문제와도 접촉할 기회를 주어야 한다.

스스로 소명 의식에 눈을 뜨게 되고, 자꾸만 새롭게 불안감을 불러일으키는 주변 상황으로 인한 압박에 따라 병사들은 점차 높은 단계의 독서에 빠져들게 될 텐데, 이는 궁극적으로 멋진 결과를 만들어낼 것이다. 한마디로 신병교육대는 매우 긍정적인 영향력을 행사할 것이며 신병 교육을 수료한 사람들은 일상생활의 다양한 과제를 해결하는 과정에서 여타 부대원들보다 더 뛰어난 분석력과 우월한 훈련 성과를 보여주게 될 것이다. 바로 이런 것들이 기본적으로 가능하도록 신병교육대에서 가르쳐야 한다.

훈련은 반드시 내적인 면까지 포함해야 한다. 이는 어떤 교육을 하더라도 기계적으로 이루어져서는 안 되고 반드시 이성적으로 정당화해야 한다는 것을 의미한다. 이렇게 한다면 전투가 일어났을 때 괄목할 만한 결과를 만들어낼 것이다.

# ⑩ 혁명운동을 이끌 군 조직 구조

이미 앞에서 살펴봤듯이, 게릴라전 유형의 혁명을 이끄는 군은 작전 지역이 어디든 간에 혁명군이 사명을 완수하는 데 혁혁하게 이바지할 비전투조직까지 고려해야 한다. 승리는 본질적으로 무장투쟁에서 비롯되기 때문에, 비전투조직이 도움을 제공하기 위해서는 군에 수렴될 수밖에 없다는 사실을 우리는 잘 알아야 한다.

군 조직은 대장, 우리 쿠바에서 겪은 경험에 따르면 총사령관을 중심으로 구성된다. 총사령관은 각각의 작전 지역을 다스리는 지휘관 혹은 지역 사령관을 임명한다. 그리고 이들은 다시 각각의 부대장과 하위 계급의 병사를 임명한다.

총사령관 다음에는 지역 사령관이 있어야 한다. 즉 여러 부대를 총괄 지휘하는 대장이 있어야 하며, 상황에 따라 다양한 규모를 가진 하급 부대를 만들고 여기에 맞는 부대장을 임명해야 한다. 그다음으로 중대 규모의 부대장인 대위와 우리 게릴라 조직에서는 가장 말단 지휘관인 중위를 둔다. 사병에서 바로 중위로 진급하게 한다.

이것은 반드시 지켜야 할 모델이 아니라 현실을 전체적으로 그려본 것일 뿐이다. 다시 말해 군 조직이 국가 안에서 어떤 식으로 작동했는지, 그리고 이 조직을 이용하여 잘 무장된 적군에게 어떻게 승리를 거둘 수 있었는지 가볍게 그려본 것일 뿐이다. 한마디로 이는 하나의 모범에 지나지 않으며, 무장 혁명군을 어떻게 조직했고 당면 문제를 어떻게 해결해 나갔는지에 대한 하나의 사례를 보여줄 뿐이다. 계급은 크게 중요하지 않지만 명심해야 할 중요한 점은 효과적인 전투력과 상관없이 거저 계급을 주어서는 절대 안 된다는 것이다. 또한 계급을 부여할 때 절대로 윤리나 정의 문제로 논란이 되어서는 안 된다. 언제나 계급은 희생과 투쟁이라는 촘촘한 체로 거른 결과로 부여해야 한다.

우리가 앞에서 기술한 것은 치열한 전투를 벌일 만큼 충분히 규모가 커진 군에 대한 것이지, 소규모 그룹을 지휘하고 있어 대장 마음대로 계급을 고를 수 있는 초기 게릴라군의 모습은 아니다.

군사 조직이 내릴 수 있는 모든 조치 중에서 가장 중요한 것은 규율에 따른 징계이다. 규율은(이는 수차례 반복적으로 강조해야 한다) 게릴라군 활동의 기초가 되어야 하며, 이미 앞에서 논의했듯이 우리는 내적인 확신에서 태어나 논리로 무장한 군대가 되어야 한다. 여기에서 출발하여 내적인 규율을 갖춘 개인으로 다시 태어나야 한다. 이러한 규율을 어기면 계급이 무엇이든 간에 그 사람은 반드시 고통을 느낄 정도로 엄중하게 처벌받아야 한다.

이는 매우 중요한 문제이다. 게릴라 병사가 받는 고통은 감옥에 있는 병사의 고통과 확연히 구별되어야 한다. 잘못을 저지른 병사를 금고 10일 형에 처하는 것은 어찌 보면 근사한 휴가를 준 셈이 된다. 10일 동안 먹는 일만 계속할 뿐 행군도, 일도, 당연히 해야 할 보초 근무도 하지 않는다. 게다가 잠도 실컷 잘 수 있고 충분한 휴식이나 독서 등을 할 수 있을 것이다. 이를 통해 우리는 자유를 박탈하는 것은 게릴라들에겐 그리 권할 만한 징계는 아니라는 것을 추론할 수 있다.

개인의 상무 정신이 하늘을 찌를 때에는, 다시 말해 자존심이 강할 때는 무장할 권리를 박탈하는 것이 바람직한 반응을 유발할 수 있다. 그런 상태의 병사에게는 진정한 의미에서의 벌이 될 수 있으며, 이런 경우에는 무기를 뺏는 벌을 주는 것이 가장 바람직하다.

이와 관련해 가슴 아팠던 사건이 있다. 라스비야스 주(州)에 있는 도시를 공격했을 때의 일이다. 전투가 막바지에 이르러 도시 한복판에 있는 진지를 공격하고 있는데 병사 한 명이 방에서 잠만 잤다는 사실을 알게 되었다. 이유를 묻자 그 병사는 무기를 빼앗겼기 때문에 잠잘 수밖에 없었다며, 이런 식으로 벌을 주어서는 안 된다고 항변했다. 그는 부주의로 인해 엉겁결에 오발했다는 죄로 벌을 받고 있었는데, 우리는 오히려 그에게 이런 식으로 대응해서는 절대 총을 돌려받지 못할 것이며 총을 돌려받고 싶다면 일선에 서서 싸워야 한다고 지적했다.

며칠이 지나 산타클라라에 대한 마지막 공격이 시작될 즈음이었다. 우리가 야전병원을 방문했을 때, 팔을 축 늘어뜨린 채 죽음을 눈앞에 둔 병사 한 명이 있었다. 나는 그에게 총을 빼앗았던 일을 떠올리며 그 병사에게 이젠 무기를 돌려받을 자격이 있다고 말했다. 그는 다시 무기를 들 권리를 되찾았지만 안타깝게도 잠시 후 세상을 떠났다.[58]

---

[58] 이 이야기는 《혁명전쟁 회고록》에 실린 '마지막 공세(La ofensiva final)' 편에서 다시 한 번 거론되었다(p.283). —스페인어판 주석

이것이 우리 게릴라 부대가 무장항쟁이라는 끊임없이 이어진 실전 훈련을 통해 쟁취한 혁명 정신의 수준이었다. 아직 두려움이 있고, 개인의 의식이 혁명 정신을 억누르는 흐름이 남아있던 게릴라 생활 초기만 해도 이 정도 수준의 혁명 정신을 갖출 수 없었다. 그러나 엄청난 노력을 쏟은 결과 마지막 순간에는 영원한 모범으로 승화할 수 있었다.

장시간에 걸친 야간 경비 업무나, 강제 행군도 처벌로 이용할 수 있다. 그러나 행군은 그다지 실용적이지는 않다는 심각한 단점이 있다. 즉 벌이라는 목적을 제외하면 달리 목적이 없다. 게다가 개인의 기력만 소모하게 만든다. 보초를 세우는 것도 마찬가지로 피곤하다. 또한 벌을 받을 정도로 혁명 정신이 약한 병사가 보초를 서야 하므로 그를 감시할 사람을 또다시 붙여야 한다는 단점도 있다.

내가 직접 지휘했던 부대에서는 가벼운 죄를 지었을 때는 간식과 담배를 뺏은 다음 가두는 벌을 주었고, 무거운 죄를 지었을 때는 철저하게 밥을 굶겼다. 비록 심하긴 했지만 그 결과는 정말 괜찮아서 특별한 상황이라면 추천할 만하다.[59]

---

[59] "현실적인 구조 차원의 문제에 대해서는 더 논의해야 한다."(페이지 하단에 붉은색으로 의견을 밝혀두었다.)

---

1장 — 게릴라 투쟁 총론
2장 — 게릴라
**3장 — 게릴라 전선 조직**
4장 — 부록

1장 — 게릴라 투쟁 총론
2장 — 게릴라
3장 — 게릴라 전선 조직
**4장 — 부록**

# ① 초기 게릴라의 비밀 조직

게릴라전은 보편적인 전쟁론의 원칙과 게릴라전이라는 독특한 성격에서 나온 원칙 모두를 좇아 전개된다.[60] 게릴라전을 다른 나라나 같은 쿠바지만 지역적으로 멀리 떨어진 곳에서 시작하길 원하는 경우에도, 분명하게 밝힐 수 있는 것은 민중의 별다른 지지도 없고 게다가 (군사적) 지식도 일천한 소규모 핵심 구성원의 비밀 모의에서 시작할 수밖에 없다는 사실이다. 게릴라 운동이 무엇이 되었든 간에 정부의 폭압 정치에 맞서는 소수 개인의 자발적인 행동에서 비롯된 것이라면, 전체적인 괴멸을 막기 위해서라도 게릴라 핵심 지도부를 이어갈 조직은 반드시 필요하다는 이야기를 하고 싶다. 일반적으로 게릴라 항쟁은 잘 벼려진 의지에서 비롯된다. 명망 있는 지도자가 민중을 구원하기 위해 항쟁을 주도해야 하는데, 이 사람은 조국을 떠나 외국이라는 매우 어려운 상황에서 작업을 시작해야 한다.

최근에 독재에 맞서 분연히 일어선 민중운동 대부분이 준비를 제대로 하지 못했다는 근본적인 문제에서 비롯된 난관을 똑같이 겪을 수밖에 없었다. 모의를 하기 위해서는 전적으로 비밀을 유지하며 세심하게 일을 진행해야 한다는 원칙이 우리가 이야기했던 대부분의 경우 지켜지지 않았다. 국가를 장악하고 있는 공권력이 비밀 기관을 통해 혁명을 모의한 그룹의 의도를 밝혀내기도 했고, 반대로 우리의 경우에서도 알 수 있듯이 핵심 그룹이 경솔하게 서

---

[60] 교정을 지시하기 위해 밑줄 친 부분을 붉은색으로 표시했다.

둘러 선언문을 발표해 스스로 의도를 드러낸 적도 적지 않았다. 예컨대 우리의 공격은 "1956년이 되면 우리는 자유를 얻거나 순교자가 되거나 둘 중의 하나일 것이다"라고 밝힌 카스트로의 글에 집약되어 이미 예고가 되어있었다.

이를 통해 알 수 있는 것은 첫째, 혁명운동은 반드시 철두철미한 비밀과 적에 대한 완벽한 보안이 그 토대가 되어야 한다는 점이다. 둘째도 첫째 못지않게 중요한데, 인적자원의 선발이다. 가끔은 아주 쉽게 선발할 수도 있지만, 실제로 적합한 사람을 선발한다는 것은 매우 어려운 작업이다. 사실 우리는 뭔가 재간이 있는 사람들, 오랫동안 추방되었던 사람들, 조국 해방을 위한 투쟁에서 뭔가 역할을 하는 것이 당연한 의무라는 단순한 생각으로 소집 요구에 응해 모임에 뛰어든 사람 등에 의지할 수밖에 없다. 그런데 각 개인을 완벽하게 조사하는 데 필요한 토대는 갖추지 못했다. 그렇지만 적군 체제에 소속된 요원이 침투해 들어오기라도 한다면 훗날 그들이 정보를 넘길 수 있다는 가능성 때문에라도 가볍게 보아 넘길 수는 없다. 실제 활동에 들어가기 전에는 한두 사람만 아는 비밀 장소에 모두 모여야 하기 때문이다. 지도자는 여기 참여하는 모든 사람을 엄격히 감시해야 하고, 주변인들과 절대로 접촉하지 못하게 막아야 한다. 출발이나 사전 훈련을 위해 집합했을 때, 그리고 경찰의 추적을 피해 도망칠 때는 언제나 핵심 거점과 같은 중요한 정보에 대해서 신입 구성원이 전혀 알 수 없도록 하는 것이 필요하다.

비밀결사 안에서 모든 것을 아는 사람이 단 한 사람도 없어야 하며, 엄밀한 의미에서 필수적인 것만 알려줘야 한다. <u>반드시 알</u>

아야 할 필요가 있는 사람이 아니라면[61] 그 앞에서는 절대로 이야기해선 안 된다. 어떤 식으로든 사람들이 모였을 때는 들어오고 나가는 서류 한 장까지도 완벽하게 통제해야 한다. 개인적인 접촉까지도 완벽하게 통제할 수 있어야 하며, 혼자 살거나 혼자 외출하는 것을 절대로 허용해서는 안 된다. 해방군의 미래 구성원이라면 어떤 매체를 통하건 개인적인 접촉은 피해야 한다. 다시 한 번 강조하지만, 여성은 투쟁 과정에서 매우 도움이 되는 역할을 할 수 있지만, 경우에 따라서는 매우 위험한 역할도 할 수 있다. 일상적인 삶으로부터 유리된, 그래서 조금은 특별한 심리 상태에 있는 젊은 남성들은 여성에 대해 약점을 가질 수밖에 없다는 사실은 모두 잘 알고 있다. 이러한 약점을 잘 알고 있기에 독재자들은 여성 스파이를 침투시키려고 노력한다. 이런 여자들은 의도적으로 상관들과 눈에 드러나는 관계를 맺기도 한다. 하지만 연결 고리를 전혀 눈치챌 수 없는 관계도 적지 않기 때문에 여성들과의 관계는 사전에 차단하는 것이 필수다.

전쟁 준비 과정에서 비밀 준수가 필수인 혁명 전사는 완벽한 금욕주의자가 되어야 하는데, 이는 규율과 마찬가지로 훗날 권위를 누릴 수 있는 기본 자질을 갖췄는지 아닌지를 증명하는 데 유용할 것이다. 어떤 사람이 반복적으로 상관의 명령을 무시하고 여성과 접촉하여 용인될 수 없는 정을 쌓는 등의 행동을 한다면, 접촉으로 인한 잠재적인 위험뿐만 아니라 혁명에 필요한 규율을 위반한 죄

---

61 교정을 지시하기 위해 밑줄 친 부분을 붉은색으로 표시했다.

로 당장 조직에서 끊어내야 한다.

　외국 정부가 통치하는 곳에서 활동할 때는, 기지로 사용할 수 있는 곳을 외국 정부나 친구, 여타 방관자 입장의 사람들이 아무런 조건 없이 도와줄 것을 기대하면 안 된다. 어떤 일을 처리하든 언제나 적 진영 안에서 활동하는 것과 똑같이 해야 한다. 다만 드물긴 하지만, 외국이라서 자연스럽게 발생할 수 있는 예외적인 경우는 일반적인 규범이 허용하는 범위 내에서 인정할 수 있다.

　여기에서는 준비 인원에 대해선 거론하지 않겠다. 이 문제는 다양하면서도 수많은 조건과 결부되어 있어 간략하게 이야기할 수 없다. 다만 게릴라전 시작에 필요한 최소 인원에 대해서는 조금 이야기할 수 있다. 내 생각에는, 자연 탈락하는 사람과 체력적으로 약한 사람까지 고려하면 아주 엄격하게 선발한다고 해도 30명에서 50명 사이는 기본으로 생각해야 한다. 일상적으로 정의가 침해되는 굶주림의 대륙이긴 하지만 지리적인 조건에서는 아메리카 대륙 대다수의 나라가 게릴라들이 활동하기에 좋은 조건을 갖추고 있기에, 이 정도 인원이라면 어느 나라에서든 무장항쟁을 시작하는 데 충분할 것이다.

　앞에서 이미 이야기했듯이 무기는 언제나 적군이 사용하는 것을 똑같이 사용해야 한다. 대체로 모든 정부는 자기 영토 안에서 게릴라전을 준비하는 것에 대해 기본적으로 적대적일 수밖에 없다는 것이 너무나 당연하기 때문에, 준비에 나서는 핵심 요원은 다 합쳐서 50~100명을 넘으면 안 된다. 다시 말해서 전쟁을 시작하려는 사람이 500명이 있다고 해도 절대로 한자리에 500명이 다 모여있으면 안 된다. 첫째, 인원이 너무 많으면 주의를 끌 수 있으며 둘째, 배신이나, 혼선, 폭로 등이 있는 경우 전체가 한꺼번에 무너질 수 있기 때문이다. 다만 여러 곳을 동시에 점유하는 것 역시 쉬운 문제는 아니다.

모임 장소는 어느 정도는 공개될 수 있고, 국외로 추방당한 사람이라면 그곳에서 열리는 어떤 유형의 모임이든 참석할 수 있다. 그러나 대장급은 이곳에 너무 자주 얼굴을 드러내지 말고 가끔씩만 나타나야 한다. 그리고 그곳에는 절대로 위험한 서류를 두어서는 안 된다. 대장들은 가능하면 많은 집을 동시에 이용해야 하지만, 모든 집을 철저하게 감시해야 한다. 무기고는 한두 명만 위치를 알고 있을 정도로 완벽하게 기밀을 유지해야 하며, 가능하다면 여러 곳에 분산시켜야 한다.

훈련 중인 사람들이 금고형의 벌을 받아 구하기 힘든 무기가 분실되는 것을 막기 위해서라도 무기는 언제나 전쟁 시작 직전에 사용할 사람들의 손에 넘겨줘야 한다.

또 하나 중요하게 생각해야 하는 점은 고단한 투쟁을 지속할 군을 양성하는 것이다. 이들은 사기가 하늘을 찌를듯 해야 하며, 규율을 엄격하게 지키고, 과업에 대해 완벽하게 이해해야 할 뿐만 아니라, 호언장담이나 환상, 쉽게 승리를 거두리라는 헛된 희망은 버려야 한다. 혁명 투쟁은 분명 험한 가시밭길이며 시간도 오래 걸릴 것이다. 당연히 수많은 역경을 극복해야 하며, 괴멸 직전까지도 몰릴 수 있다. 그래서 하늘을 찌를 듯한 사기와 규율, 승리에 대한 변치 않는 믿음, 지도자가 지녀야 할 최고의 자질 등이 갖춰져야만 혁명을 구원할 수 있다. 이것이 바로 단 12명만으로 군의 핵심 세력을 구축할 수 있었던 쿠바에서의 우리 경험이다. 우리는 이 모든 조건을 갖추었고,

여기에 피델 카스트로라는 걸출한 지도자까지 있었다.

이데올로기를 토대로 한 윤리적인 무장과 동시에 신체도 세밀하게 단련해야 한다. 게릴라는 산악 지형이나 거칠고 험한 지형을 선택하여 활동할 것이 분명하다. 어떤 상황에 봉착하건 게릴라군의 기본은 행군인데, 절대로 느리게 걸어서도 안 되고 피곤하다고 주저앉아서도 안 된다. 충분히 준비한다면 무엇이든 대비할 수 있다. 그러므로 밤낮을 가리지 않고 며칠씩 이어지는 힘든 행군을 천천히 늘리면서 녹초가 될 때까지 훈련할 수 있어야 한다. 그리고 속도를 놓고 경쟁을 붙여야 한다. 속도와 버티는 힘이 핵심 게릴라 요원이 되기 위한 첫 번째 기본 자질이다. 물론 방위 측정, 독도법, 사보타주 방법 등에 대한 이론적인 지식도 가르쳐야 한다. 그리고 가능하다면 군사용 소총 사격 특히 장거리 표적 사격을 많이 해 봐야 하며, 총탄 이용법에 대한 설명도 들어야 한다.

게릴라 대원은 군수물자에 대한 절약 정신을 거의 신앙 차원으로 승화시켜 마지막 한 발까지 알뜰하게 이용해야 한다. 여기까지 이야기한 주의 사항을 지킬 수만 있다면 게릴라는 어렵지 않게 최종[62] 목적지까지 나아갈 수 있다.

## ② 쟁취한 정권의 수호를 위하여

구체제를 지원하는 군을 구조적으로 완벽하게 무너뜨리지 못한다

---

[62] 교정을 지시하기 위해 붉은색으로 표시했다.

면 당연히 최종적인 승리를 담보할 수 없다. 나아가 구체제를 비호하던 모든 제도까지 단계적으로 무너뜨려야 한다. 이 글은 게릴라를 위한 교범이므로, 우리가 혁명을 통해 구축한 새로운 정치권력에 맞서 전쟁을 일으키거나 공격을 해왔을 때 어떻게 방어할 것인지에 대한 과제를 구체적으로 분석해 보고자 한다.

우리가 직면할 첫 번째 문제는 전 세계인의 여론으로, 미국을 비롯한 독점 자본주의 국가들의 '신뢰할 만한 언론', '진실'만 이야기한다는 매체들은 일제히 해방된 국가를 향해 공격해 올 것이다. 그동안 민중의 권리 요구에 법을 이용하여 조직적으로 가혹하게 탄압했던 것처럼 우리 국가를 향한 공격 역시 조직적이고 가혹할 것이다. 이 때문이라도 구체제-군대의 뼈대를 절대 방치해서는 안 되며, 구체제-군대를 다시 하나로 묶어 세울 만한 사람도 철저히 관리해야 한다. 군국주의, 구체제에 대한 군사 의무와 기계적인 복종, 구체제를 지지하는 규율과 도덕의식 등을 단번에 근절할 수는 없다. 아직은 소수에 불과한 승리자들, 즉 용맹하고 품위 있으며 따뜻한 마음을 가졌지만 교육을 풍부하게 받지 못한 훌륭한 전사들은 패배자들과 당분간 공존해야 하는데, 그들은 군사 지식—전투 무기에 대한 구체적인 지식, 수학에 대한 지식, 요새와 병참에 대한 지식 등—을 자랑스럽게 여기면서, 최소한의 문화적 배경도 없는 게릴라들을 온몸으로 증오할 것이다.

그러한 군인 중에서도 모든 과거를 철저히 청산한 후 완벽한 협력 의식을 바탕으로 우리의 새로운 정권에 합류하고자 하는 자가 물론 있을 것이다. 전문적인 군사 지식—새롭게 탄생한 인민군 조직을 이끌어나가는 데 필요한 지식—이 민중의 이상을 향한 사랑과 융합되는 일이 일어날 수만 있다면 두 배는 더 유용할 것이다. 한편, 모든 일들은 첫 번째 단계에 따라 두 번째 단계가 수행되기 마련이다. 즉 구체제를 지지하던 군과 군 기관이 해체되고, 혁명군이 새롭게 주요 직책을 떠안았다면 이젠 새로운 사람들로 채워진 새로운 조직을 만드는 것이 옳다. 물론 게릴라 단계에서 존재했던 조직 체계, 수장(首長, caudillista)[63]이라는 특정 개인에게 의존하면서 별다른 계획을 세울 생각을 하지 않았던 게릴라 시절의 구태의연한 태도는 반드시 버려야 한다. 이러한 점은 아무리 강조해도 지나치지 않으며, 새로운 조직은 게릴라군의 작전 개념에서 출발하여 구조화해야 한다. 인민군도 유기적으로 훈련시켜야 하고, 장비 역시 게릴라군이 편안함을 느낄 수 있게 새로운 옷을 만들어주어야 한다. 처음 몇 달 동안 우리가 빠져들었던 실수, 예컨대 새로운 인민군에게 낡은 군사 규율과 낡은 조직을 덧씌우려고 했던 과오를 다시는 범해서는 안 된다. 이는 조직의 심각한 부조화를 초래할 수 있으며 궁극적으로는 조직의 와해를 야기할 수도 있다. 이행은 반드시 조심스럽게 이루어져야 한다.[64]

민중의 군대는 비록 '각 무장 그룹 관리를 위한 역동성'이라는 유일한 기준을 적용한 지휘권의 독립에 익숙해져 있긴 하지만, 지금

---

[63] 중남미 독립 이후 아시엔다(대농장)를 기반으로 정치·사회적인 지배력을 행사하는 군사 지도자. [64] 밑줄 친 부분을 붉은색으로 표시하고, "내용을 좀 더 풍성하게 할 것."이라고 적어두었다.

---

1장 — 게릴라 투쟁 총론
2장 — 게릴라
3장 — 게릴라 전선 조직
**4장 — 부록**

이 순간부터는 앞으로 전개해 나갈 새로운 방어 전쟁을 위한 준비에 착수해야 한다. 우리 군은 곧 두 가지 과제에 직면할 것이다. 하나는 승리가 물결치는 가운데 수천의 혁명가를 하나로 통합하는 일이다. 게릴라로서의 엄격한 생활을 강요했던 사람, 혁명 전사 양성을 위한 사상교육 심화 과정을 밟게끔 했던 사람 등이 혁명의 마지막 순간에 이르렀을 때는 좋은 의미든 나쁜 의미든 모두가 하나가 됨을 느꼈을 것이다. 이데올로기적인 통일성을 부여하는 혁명 전사 양성을 위한 사상교육은 인민군에게는 절대적으로 필요한 것이며, 단기적인 것은 말할 것도 없고 장기적인 차원에서도 국가의 안전을 보장하는 굳건한 토대가 되어줄 것이다. 또 다른 문제로는 민중이 새로운 조직 모델에 쉽게 적응을 하지 못한다는 점이다.

당장 각 군 내에 혁명이 담아낸 새로운 진리의 씨앗을 뿌리는 기관을 세워야 한다. 민중 속에서 나온 병사, 농민, 노동자 들에게 혁명에 대한 열망에서 비롯된 혁명적인 행동 하나하나에 담긴 정의와 진리를 설명해야 한다. 왜 투쟁했는지, 승리를 보지도 못하고 눈을 감은 수많은 동료는 왜 기꺼이 목숨을 바쳤는지 설명해 주어야 한다. 사상교육도 강력하게 해야 하지만 동시에 문맹을 극복할 수 있는 속성 초등교육 과정도 운영해야 한다. 이는 혁명 군대가 점차 과거의 모습을 극복하고 기술적으로 높은 토대를 갖추도록 해주고, 굳건한 이데올로기적 구조를 만들어주며, 장엄한 전사들이 행사하는 정치 권력의 도구가 될 것이다.

시간이 흐르면 위와 같은 세 가지 분야에서 능력이 갖추어질 것이다. 그 후에는 군사 기구를 좀 더 완벽하게 다듬어, 게릴라 전사들이 특별 교육과정을 통해 전문적인 군인으로 탈바꿈할 수 있도록 도와야 한다. 또한 민중을 위해 신병교육대 유형의 1년 단위 교육과정을 만들고 의무적 또는 자발적으로 참여하도록 해야 한다. 이는 국내 상황에 따라 달라질 수 있으므로 구체적인 지침을 둘 수는 없다.

지금부터는 혁명군 노선에 관한 이야기이다. 눈에 확연히 보이지만 두려움을 떨치고 잘 분석 평가한 다음 차분하게 기다려야 하는 적이 있다. 이들이 보여준 구체적인 위협, 즉 1959년 말에서 1960년 초 현재 국제 상황에서 일어나고 있는 외국의 침략에 맞서 쿠바가 계속 밀고 나가야 할 정책과 관련한 혁명군 노선에 대한 의견을 밝히고자 한다. 우리는 전 세계 민중을 위해 우리가 이미 경험한 일을 이론화하는 데 그치지 않고, 우리 국가 방위에 적용하기 위해 다른 나라가 이미 경험한 일까지 이론화하는 데 힘쓸 것이다.

쿠바의 경험을 토대로 이론화하여, 아메리카의 현실을 담아낸 지도 위에 우리의 가설을 그려보고, 이를 통해 아메리카의 현실이 살아 움직일 수 있게 하고자 '쿠바의 현 상황 분석, 쿠바의 현재와 미래'라는 후기를 남긴다.[65]

---

[65] 원문에는 "……살아 움직일 수 있게 하고자 후기를 남긴다. 다음과 같은 글."로 끝을 맺은 다음, 다음 장의 후기 제목 '쿠바의 현 상황 분석, 쿠바의 현재와 미래'가 이어지도록 되어있다. 후기가 별도의 장이 아니라 4장의 연장선상에 있음을 표현하기 위한 의도로 보인다. 그러나 서술어로 문장을 마쳐야 하는 한국어의 문법에 따라 부득이하게 후기 제목을 다시 한 번 넣어 문장을 완성하고 장을 구분했다.

---

1장 — 게릴라 투쟁 총론
2장 — 게릴라
3장 — 게릴라 전선 조직
**4장 — 부록**

# 후기

# 쿠바의
# 현 상황 분석,

# 쿠바의 현재와 미래

장기간에 걸쳐 쿠바 민중이 벌인 무장시민항쟁의 필연적인 귀결로 독재자가 도망친 지도 이제 1년이 조금 더 지났다. 정치, 경제 및 사회 분야에서 정부가 보여준 모습은 정말 대단했다. 그러나 이를 정확하게 분석하고 각각의 단계에 정확한 가치를 부여하는 것 그리고 민중에게 우리 쿠바 혁명의 정확한 양상을 보여주는 것 또한 시급한 과제이다. 국가 차원에서 봤을 때 근본적으로 농업 혁명이라고 할 수 있는 쿠바 혁명은 노동자들과 중간계급들의 열정적인 참여와 오늘날 전 산업 분야에서 제공하는 막대한 지원 덕분에, 아메리카 대륙 전체, 나아가 전 세계에서 엄청난 주목을 받고 있다. 이는 민중의 굳은 결심과 이에 기운을 불어넣을 수 있었던 쿠바만의 독특한 성격에서 비롯된 것이었다.

아무리 압축한다고 해도 인민의 확실한 이익을 위해 우리가 제정했던 모든 법을 한꺼번에 다 종합하는 것은 쉽지 않은 일이다. 물론 우리를 첫 번째 단계에서 최종 단계로 이끈 논리적인 사슬을 보여주고, 쿠바 민중이 절실하게 필요하다고 외쳤던 법안에 대해 국가가 얼마만큼의 관심을 보였나 그 순서를 알려주는 논리적 사슬을 제시하여 몇몇 법안에 방점을 찍을 수도 있다.

빠른 속도로 임대차법, 전기 요금 인하와 이를 위한 통신사 규제 등의 정책을 연달아 발표하자, 국내 기생계급의 희망에 반하는 경계경보가 발령되었다. 유일한 차이라면 수염을 기른 것밖엔 없는 피델 카스트로와 혁명에 나섰던 사람들에게서 낡은 관습에 젖은 정치 논객들의 모습이나 뒤에서 쉽게 조종할 수 있는 얼간이들의 모습을 찾고자 했던 사람들은 비로소 의심하기 시작했다. 쿠바 민중의 가슴에서 솟구치는 뭔가 심오한 것이 있으며 자신들의 특권이 사라질지도 모르는 위태로운 시점에 왔다는 것을 인식하기 시작했다. 공산주의를 외치는 단어들이 승리한 게릴라 지도자들 주변을 떠돌기 시작했다. 결과적으로 변증법의 반-명제처럼 반-공산주의를 외치는 단어는 앙심을 품은 사람들과 그동안 부당하게 누려온 수입을 빼앗긴 사람들을 하나로 엮기 시작했다.

고리대금업자들은 미경작지 관련법이나 분할 판매법을 불쾌하게 받아들일 수밖에 없었다. 그러나 이러한 법률안은 보수 반동 세력에 대한 작은 싸움에 불과했다. 모든 것이 바람직한 방향으로 흘러갔고 모든 것이 가능해 보였다. '미친 꼬마'라 불리던 피델 카스트로는 두보이스[66]나 포터[67]와 같은 사람들의 충고를 받아들여 멋진 민주의 길로 나아갔다. 미래에 대한 희망을 품을 수 있었다.

토지개혁법은 심각한 파문을 가져왔다. 이에 영향을 받아 대다수의 사람들이 진실을 명확하게 보기 시작했다. 보수 반동 세력의 대변인 격인 가스톤 바케로[68]는 이들보다 먼저 사설을 통해 현재 무슨 일이 일어나고 있는지를, 다시 말해 스페인 독재 체제를 떠받치고 있던 잔잔한 물이 제거되고 있음을 지적하였다. 이때까지

---

66 쥘 두보이스(Jules Dubois, 1910-1966). 〈시카고 트리뷴〉에서 통신원으로 일했던 기자로 '라틴아메리카에 가장 정통한 통신원'으로 평가받았다. 67 찰스 O. 포터(Charles Orlando Porter, 1919-2006). 미국 오리건 주의 변호사이자 정치인. 1963년에 〈룩(Look)〉의 기자로서 허가를 받고 피델 카스트로를 직접 찾아가 인터뷰하기도 했다. 68 가스톤 바케로(Gastón Baquero, 1914-1997). 20세기 쿠바의 시인. 혁명에 반대하여 스페인으로 망명하였다.

만 해도 몇 사람은 여전히 '법은 법일 뿐'이라고 생각하고 있었다. 예전 정부에서도 이론적으로는 민중에게 유리한 법을 공포한 적이 있었다. 하지만 법의 집행은 다른 문제였다. 약자로 INRA[69]라고 쓰던 이 기관은 마치 나이 어린 소년처럼 재치 있었지만 이해하기 힘든 행동도 망설이지 않았는데, 처음에는 쌀쌀맞으면서도 감동을 안겨주는 가부장적인 태도를 보였다. 사회적 교리와 공공재정(public finance)이라는 멋진 이론의 상아탑 뒤에 숨어, 교양도 없고 이성적이지도 못한 게릴라들의 사고방식으로는 절대로 다가갈 수 없을 것만 같았다. 그러나 INRA는 어떤 때는 트랙터처럼, 어떤 때는 전쟁터에 나선 전차처럼 거침없이 앞으로 밀고 나아갔다. 앞을 막아선 대토지 농장의 담장을 밀어버리는 등 토지 소유에 대한 새로운 사회관계를 만들었다. 쿠바의 토지개혁은 아메리카 대륙에서 처음 모습을 드러낸 몇 가지 매우 중요한 성격을 보여주었다. 쿠바 상황에서 대토지 농장을 제거한다는 것은 분명 반-봉건 운동이었다. 지대를 현물로 바치는 계약은 모두 폐지하였고, 우리의 가장 주요한 농산물이었던 커피와 담배 생산에서 기본으로 유지되고 있던 예속 관계를 청산하였다.

그러나 모든 인간의 가능성을 억압하는 독점자본을 무너뜨리기 위한 토지개혁은 자본주의적인 방법을 이용하여 진행하였다. 홀로 고립된 인간이든 공동체에 속한 사람들이든 상관없이 모두 명예롭게 자신의 토지를 경작하고 싶었고, 채권자나 주인을 두려워

---

[69] 국립 토지개혁원(Instituto Nacional de Reforma Agraria).

하지 않고 생산하고 싶었다. INRA는 초기부터 그들에게 토지를 준 사람들과 강하게 연대하여, 농민과 농업에 종사하는 계절 노동자들[70]에게 맞춤형 지원을 하는 성격을 띠었다. 다시 말해 각 개인에 맞춘 기술적인 지원, INRA나 반관반민 은행이 제공하는 신용 사업을 통한 재정적인 지원을 했으며, 동부에서는 정말 멋지게 성장했지만 다른 곳에서는 아직 발전 단계에 머무르고 있었던 인민상점조합(Asociación de Tiendas del Pueblo)에는 엄청난 지원을 아끼지 않았다. 구체제의 '고리대금업자'를 대체하고 나선 이들 국영상점은 농민들의 수확에 공정한 가격을 치렀고 적정 수준의 영농 유지비를 대주었다.

아메리카에서 있었던 여타 세 번의 토지개혁(멕시코, 과테말라, 볼리비아)과 달리 정말 중요한 점은 그 어떤 것에 대한 고려나 양보 없이 최종 목표까지 밀어붙이겠다는 실행에 대한 결심이었다. 종합 토지개혁을 실행할 때는 민중의 권리를 보장할 수 없다면 그 어떤 권리도 인정해 주지 않았다. 다른 계급이나 국가를 직접적으로 공격하진 않았지만, 이 법은 크리오요[71]가 소유하고 있던 대토지 농장과 유나이티드 프루트 컴퍼니(United Fruit Company)[72], 킹 랜치(King Ranch)[73]와 같은 회사에 강한 영향력을 미쳤다.

---

70 쿠바의 주산물인 사탕수수 재배는 파종과 수확 시기에만 노동자를 필요로 하기 때문에 농업에 종사하는 노동자들이 계절 노동자가 될 수밖에 없었다. 71 중남미에서 태어난 유럽 출신 백인의 자손. 72 19세기 말 미국에서 만들어져 중미에서 바나나 플랜테이션 사업으로 입지를 굳혔으며 중미 국가들에 막강한 영향력을 행사했다. 현재는 '치키타(Chiquita)'라는 회사로 개명하였다. 73 텍사스에 있는 미국 최대의 목장이자 세계적인 목장 법인.

이런 조건에 힘입어 국가를 위해 가장 중요한 생산물인 쌀, 기름을 짜기 위한 씨앗류, 면화 등의 생산은 괄목할 정도로 성장하여 모든 미래 구상의 중심을 잡아주었다. 그러나 이 국가는 여기에 만족하지 않고 짓밟혔던 모든 부를 차례로 회복해 나갔다. 독점자본의 투쟁 무대이자 탐욕의 마당이었던 풍부한 지하자원은 석유 사업법을 통해 실질적으로 환수하였다. 이는 토지개혁을 비롯한 여타의 혁명이 공표한 개혁 조치와 마찬가지로 쿠바가 외면할 수 없었던 긴급한 바람에 화답을 한 것이었다. 자유로워지고 싶고, 스스로 자국 경제의 주인이 되고 싶고, 번영을 구가하여 높은 수준의 사회 발전을 이루고 싶다는 민중의 시급한 욕구에 대한 응답이었다. 바로 이러한 점에서 이 나라가 대륙의 좋은 모범사례가 되고 있으며 석유독점 자본이 두려워하는 것이다. 쿠바가 석유독점자본에 실질적이고 직접적인 해를 입힌 것은 아니다. 비록 국내 소비를 충당할 수 있는 공급량을 보장받고 싶다는 합리적인 기대는 있을 수 있지만, 국가를 값비싼 석유 기업으로 간주할 필요는 없다. 반대로, 쿠바의 법은 아메리카 대륙에 살아가고 있는 형제와도 같은 민중에게 살아 숨 쉬는 법의 모범사례가 무엇인지 보여주고 있다. 대다수의 민중이 이와 같은 독점자본의 밥이 되었고, 또 어떤 이는 반동적인 성격을 띤 트러스트[74]의 욕망이나 식욕을 채워주려고 내전을 일으키기도 했다. 하지만 쿠바는 이와 똑같은 시기

---

[74] 같은 업종의 기업들이 경쟁을 피하고 보다 많은 이익을 얻을 목적으로 자본에 의하여 독점적으로 결합하는 것.

에 아메리카 대륙에서 뭔가를 할 수 있다는 가능성을 보여주었고, 언제 이를 실행에 옮겨야 하는지 그 시간을 정확하게 제시해 주었다. 그러자 거대 독점자본은 쿠바를 불안한 시선으로 바라보기 시작했다. 카리브해의 조그만 섬나라 주제에 포스터 덜레스[75]의 상속자에게 넘어가야 할 막강한 힘을 가진 유산, 즉 '유나이티트 프루트 컴퍼니'를 감히 청산하려 들었을 뿐만 아니라, 록펠러[76] 제국에도 엄청난 타격을 입혔다. 도이치 그룹[77] 역시 쿠바 혁명의 개입으로 역경을 겪어야만 했다.

광산법과 같은 법 역시 군을 동원한 군사작전과 공중 강습 등 다양한 유형의 위협으로 끊임없이 무릎 꿇어야만 했던 민중의 욕구에 대한 응답이었다. 그래서 혹자는 광산법 역시 토지개혁법 못지않게 중요하다고 강조한다. 하지만 거시적으로 봤을 때 우리는 국가 경제 차원에서 광산법이 그 정도까지의 중요성은 지니지 못한다고 생각했다. 그러나 지금은 새로운 현상이 벌어지고 있다. 비록 지금 우리 땅에 구멍 이상의 상흔을 남기고 있긴 하지만, 우리

---

[75] 존 포스터 덜레스(John Foster Dulles, 1888-1959). 1953년부터 1959년까지 미국의 국무장관을 지낸 정치인으로, 유나이티드 프루트 컴퍼니의 고문변호사이기도 했다. 당시 중앙정보국 국장이었던 동생 앨런 덜레스는 그 회사의 이사였다. [76] 존 록펠러(John Davison Rockefeller, 1839-1937). 미국의 석유 사업가. 그가 설립한 석유 회사 '스탠더드오일'은 미국 내 정유소의 90퍼센트 이상을 지배하는 독점기업으로 성장하였으며 해외에도 유전과 정유소를 소유했다. 스탠더드오일은 1911년 미국의 반트러스트법 위반으로 해체되었으나 그 후손 회사들이 세계 석유시장을 이끌어갔다. [77] 자동차, 철도, 군수 산업 등에서 사용하는 커넥터를 만드는 회사로, 알렉스 도이치(Alex Deutsch)가 미국 캘리포니아에 설립했다.

광산물을 수출하는 기업들이 내는 25퍼센트의 세금은 쿠바인의 복지에 이바지할 뿐만 아니라, 현재 우리 니켈을 이용하려는 기업들과의 경쟁 속에서 우리와 손잡고 개발, 투자 중인 캐나다 자본의 힘을 상대적으로 증가시키고 있다. 쿠바 혁명은 대토지 농장을 청산했고, 외국 자본의 이익을 제한했으며, 수입에 종사하는 기생 자본을 소유한 외국계 중개업자들의 이익 또한 제한하였다. 그리고 아메리카 대륙에서 비롯된 새로운 정책을 세계에 던졌으며, 광업 분야에서 거대 독점자본의 지위를 박탈했을 뿐만 아니라 최소한 그들 중 하나를 곤경에 빠트렸다. 이는 거대 독점자본 국가 중의 한 나라인 미국, 그 이웃 국가, 여타 아메리카 대륙의 국가들이 주목할 만한 새로운 유력한 메시지가 등장했음을 의미한다. 쿠바 혁명은 통신사들이 쳐놓았던 모든 장벽을 무너뜨리고 진실을 알렸다. 더 나은 삶을 갈망하는 아메리카 대륙의 민중에게 불꽃처럼 번져나갔다. 쿠바는 새로운 민족의식의 상징이 되었고, 피델 카스트로는 해방의 상징이 되었다.

단순한 인력의 법칙에 의해 11만 4천 제곱킬로미터의 국토에 650여만 명이 살아가고 있는 조그만 섬이 아메리카 대륙에서 반식민주의 투쟁 노선을 떠안게 되었다. 여타 아메리카 국가엔 수많은 심각한 문제가 있어 쿠바가 영웅적이고 명예롭긴 하지만 선두라는 위태로운 지위를 맡을 수밖에 없었다. 식민주의에 빠진 아메리카 대륙에서 경제적으로 그렇게 약하진 않았던 나라들, 예컨대 확실한 군대는 없지만 외국의 독점자본에 맞서 끊임없는 투쟁으로 국가자본주의를 근근이 발전시켜 왔던 나라들도 지금 이 순간 쿠바라는 새롭게 등장한 조그마한 자유 세력에 서서히 그 자리를 양보하기에 이르렀다. 이는 한마디로 그들의 정부가 투쟁을 이끌고 나갈 세력을 찾지 못했기 때문이다. 투쟁은 그리 간단하지 않다. 위험이 여기저기 널려있으며 난관을 피할 수도 없다. 전 민중이 뒤를 받쳐주는 것이 필요하며, 아메리카 대륙에 고립된 채 외로운 상황에서 투쟁을 계속하기 위해선 희생정신을 바탕으로 이상이라는 큰 짐을 져야 한다. 사실 그동안 아메리카의 작은 나라들이 언제나 선두에 서서 이러한 해방 투쟁의 위상을 떠안았다. 과테말라, 새장에 가두면 죽어버리는 아름다운 새 케찰(quetzal)[78]이 노래하는 과테말라, 인디오 원주민 테쿤 우만(Tecun Uman)[79]의 과테말라는 식민주의자들의 노골적인 압제에 쓰러지고 말았다. 볼리비아, 아메리카 독립운동의 첫 순교자였던 무리요[80]의 볼리비아 역시 독립투쟁의 험난한 난관에 무릎을 꿇고 말았다. 그러나 이들은 쿠바 혁명의 기본 모토가 되었던 군대 폐지, 토지개혁, 엄청난 부의 원천이자 비극의 뿌리인 지하자원의 국유화라는 세 가지 본보기를 남겨주었다.

쿠바는 과거사가 주는 사례, 그들의 실패, 그들이 겪었던 난관 등을 잘 알고 있다. 그러나 전 세계에서 새로운 시대가 시작되고

---

[78] 과테말라의 국조. [79] 과테말라 산악 지대에 300년간 존재했던 키체 왕국의 마지막 지도자. 16세기 스페인으로부터 키체 왕국을 지켜내기 위해 끝까지 항전한 과테말라의 역사적 위인이다. [80] 페드로 도밍고 무리요(Pedro Domingo Murillo, 1757-1810). 19세기 볼리비아의 독립 영웅으로 스페인 식민통치에 대항하여 독립투쟁을 하다가 교수형을 당했다. "나는 죽을지 모르나, 내가 불붙인 자유의 횃불은 절대 끄지 못할 것이다"라는 유명한 말을 남겼다.

있다는 것도 잘 알고 있다. 식민지를 떠받들고 있던 기둥도 아시아와 아프리카에서 분출된 국가 차원의 민중 항쟁에 쓸려나갔다. 민중을 하나로 묶을 수 있었던 것은 종교도, 관습도, 종족적인 유사성도, 욕망도 아니었다. 오로지 사회 경제적인 조건의 유사성, 진보와 권리 회복에 대한 열망의 유사성으로부터 비롯되었다. 아시아와 아프리카는 인도네시아의 반둥에서 손을 잡았고,[81] 여기 쿠바의 아바나에 달려와 식민주의에 신음하는 인디오 원주민들의 아메리카에 연대의 손을 내밀었다.

식민지 본국이자 강대국들은 민중의 투쟁에 땅을 도로 내놓았다. 벨기에와 네덜란드는 대제국의 캐리커처 격이다. 독일과 이탈리아는 식민지를 잃었다. 프랑스는 식민지 상실을 가져온 쓰라린 전쟁을 경험해야 했다. 외교적인 수완이 뛰어난 영국은 재빨리 정치 권력을 청산하는 대신 경제적인 끈을 유지하려고 했다.

미국 자본주의는 막 독립을 맞은 나라들의 구-식민자본을 대체하였다. 그러나 이는 단순한 이행의 한 과정이라는 사실을, 그리고 새로운 영토에선 투기 자본에 대한 실질적인 보장은 없다는 사실을 잘 알고 있다. 문어처럼 빨아들일 수는 있지만 그렇다고 빨판으로 단단하게 고정할 수는 없다. 제국주의의 독수리도 날카로운 발톱을 잃었다. 식민주의는 곧 전 세계 모든 곳에서 사망 선고

---

[81] 1955년 4월, 식민지주의를 규탄하기 위해 인도 네루 총리, 인도네시아 수카르노 대통령, 중화인민공화국 저우언라이 총리, 이집트 나세르 대통령 등을 비롯한 아시아와 아프리카의 29개 독립국 대표들이 인도네시아 반둥에 모여 정식 회의를 개최했다. '반둥 회의', '아시아·아프리카 회의'라고도 한다.

를 받거나 자연스럽게 도태되는 단계에 접어들 것이다.

아메리카 대륙에서의 사정은 조금은 다르다. 탐욕스러운 영국 사자는 우리 아메리카에서 발을 뺐지만, 젊고 서글서글한 양키 자본주의가 그 자리에 영국 클럽의 '민주' 버전을 설치한 다음, 20여 개 공화국에 절대적인 지배권을 강요하였다.

이제 아메리카는 미국 독점자본의 식민 영지이자 본채에 딸린 뒤뜰이 되었으며, 이것이 지금 이 순간 아메리카 대륙 생존의 이유이자 유일한 희망이 되어버렸다. 하지만 모든 라틴아메리카 민중이 쿠바처럼 존엄의 깃발을 높이 든다면, 독점자본은 부들부들 떨면서 자신의 이익이 잘려나가는 새로운 정치-경제 상황을 실질적으로 받아들여야 할 것이다. 독점자본은 자기 이익이 잘려나가는 것을 원치 않는다. 그런데 온 세상에 국가의 존엄을 보여준 쿠바는 독점자본의 입장에선 바람직하지 않은 사례를 아메리카 전체 국가들 사이에 퍼트리고 있다. 갈기갈기 찢긴 민중이 큰소리로 해방을 외칠 때마다 제국주의 세계는 쿠바를 비난하였다. 어떤 면에선 쿠바에 죄가 있다. 길을 보여준 죄가 있는 것이다. 다시 말해 거의 무적에 가까운 적에 맞설 수 있는 무장항쟁의 길을 보여주었다. 그 길은 적의 기지 밖에서 그들을 조금씩 무너뜨리고 허물기 위해 험한 곳에서부터 투쟁해야 한다는 것이었다. 한마디로 존엄의 길이었다.

쿠바는 나쁜 사례, 정말 나쁜 사례이다. 그런데 이 나쁜 사례가 수많은 위험에도 불구하고 당당한 자세로 끝없이 앞으로, 미래로 나아간다면 독점자본은 편안히 잠을 잘 수 없을 것이다. 쿠바를 반드시 파괴해야 한다고 대변인들이 외치고 있다. 국민의 대표라는 가면을 쓴 독점자본의 하수인들이 공산주의 사상이 퍼지는 것에 반드시 개입해야 한다고 큰소리로 외치고 있다. "쿠바 상황은 우리 모두에게 너무 많은 불안을 안겨주고 있다"고, 영악한 트러스트의 수호자들은 이야기한다. 그러나 우리는 잘 알고 있다. 모두가 다 쿠바를 파괴해야 한다고 말하는 것은 아니라는 것을.

나쁜 사례를 완전히 파괴하고 싶다는 그들은 과연 어떤 공격 방법을 사용할까? 일단 그들이 경제제재라고 부르는 것이 있다. 그들은 무역상, 국내은행, 쿠바 국립은행에 대한 미국은행과 공급자들의 대출 제한을 통해 경제제재를 시작했다. 미국에선 통제가 확실히 시작되었고, 서유럽을 비롯한 협력 관계에 있는 국가를 동원하여 열심히 작업했다. 그러나 그것으로는 충분하지 못했다.

대출 인가 거부는 분명 경제에 강한 충격을 주었다. 그러나 희생양이 될 수밖에 없었던 쿠바는 그날그날 살아가는 데 적응하면서, 곧 경제를 회복하였고, 무역수지의 균형을 맞췄다. 계속 압력을 가해야만 했다. 이번엔 설탕 수입할당제를 그 중심에 놓았다. 준다, 안 준다, 안 준다, 준다를 반복했다. 독점자본의 중개업자들은 계산기를 꺼내 계산을 뽑았고, 드디어 결론을 냈다. 쿠바의 설탕 수입할당제를 줄이는 것은 너무 위험한 짓이며, 완전히 없애는 것은 불가능한 일이라고. 왜 위험할까? 좋은 정책이 아니라는 것을 차치하고서라도, 이로 인해 10~15개국에 달하는 설탕 조달 국가들의 욕심을 일깨우고 더 많은 권리를 기대하게 만들어 결국 이 나라들을 언짢게 만들 수 있기 때문이다. 수입을 없애는 것 또한 불가능하다. 쿠바는 미국에 가장 싼 설탕을 가장 많이 그리고 효율적으로 공급하는 국가인 데다 설탕의 생산과 공급에 직결된 이익의 60퍼센트가 미국에 귀속된다. 무역수지 차원에서도 설탕 거래가 미국에 유리하다. 팔지 못하면 살 수도 없으며, 무역 단절이 가져올 수 있는 나쁜 선례를 보여줄 것이다. 게다가 일은 여기에서 끝나지 않는다. 시장 가격보다 3센트나 더 지불해야 한다는 미국이 안겨준 원치 않는 선물은 단지 설탕을 싸게 생산할 수 없다는 데에서 오는 결과일 뿐이다. 높은 임금과 토지의 낮은 생산성으로 인해 쿠바가 제공하는 가격으로는 설탕을 생산할 수 있는 능력이 없다. 그리고 이처럼 생산품에 높은 가격을 치러야 한다면, 쿠바만이 아니라 이로 인해 수혜를 받고 있던 모든 사람에게 무거운 짐을 지우는 꼴이 된다. 따라서 쿠바의 수입할당제를 없애는 것은 불가능하다.[82]

생산 부족을 초래할 수도 있고 경제 변수인 사탕수수밭이 다 타버릴 수도 있기에 독점자본이 공습을 원할 수도 있다는 가능성은 그리 심각하게 고려해 보지 않았다. 오히려 혁명 정부의 능력에 대해 사람들에게 불신의 씨를 뿌리는 것이 더 그럴듯한 수단으로 보인다(쿠바인의 집 한 채 이상을 피로 얼룩지게 했던 미국 용병의 갈기갈기 찢긴 시신[83]과 미국의 정책, 그리고 혁명군의 무기를 실었다며 벌인 선박 폭발 사고[84]에 대해선 뭐라고 강변할

---

[82] **"이유를 설명하라."(녹색)** [83] 1960년 2월, 플로리다에서 이륙하여 쿠바의 마탄사스 주를 폭격하려던 미국 전투기가 싣고 있던 폭탄이 도중에 폭발하여 쿠바의 민가에 추락했다. 이로 인해 죽은 조종사가 미군 신분증을 소지한 탓에 미국 정부가 공식적으로 사과할 수밖에 없었다. [84] 무기를 선적했다고 의심하여 아바나 항에서 하역 작업 중이던 벨기에 선박을 CIA가 폭파한 사건.

것인가?)

 쿠바 경제가 압력을 받을 수 있는 취약한 곳이 있긴 하다. 예를 든다면 면화 같은 원자재 공급 문제가 있다. 그러나 면화가 전 세계적으로 과잉생산되고 있으며, 이런 식의 난관은 결국 일시적일 수밖에 없다. 그렇다면 석유는? 이것은 조금 신경이 쓰이는 부분이다. 석유가 없으면 나라가 마비되는데, 쿠바는 석유를 조금밖에 생산하지 못한다. 게다가 증기기관을 가동할 수 있는 역청탄, 자동차를 굴릴 수 있는 알코올도 소량에 불과하다. 그렇지만 세상엔 석유가 많다. 이집트도 팔 수 있고, 소련도 팔 수 있다. 이라크 역시 조만간에 석유를 팔 수 있을 것이다. 따라서 경제제재 전략은 쉽게 쓸 수 없다.

 이와 같은 경제 변수 외에 여타의 공격 가능한 방법으로 산토도밍고[85]와 같은 강대국 괴뢰정권의 간섭을 생각하면, 조금 더 괴로워질 수도 있다. 그러나 이 경우에는 분명 유엔이 개입해 구체적인 결과를 만들어내지는 못할 것이다.

 부차적인 문제이긴 하지만, 미주기구가 좇는 새로운 길은 오히려 미국의 개입이라는 위험한 선례를 만들 수 있다. 독점자본은 트루히요[86] 추종자들의 말도 안 되는 이유를 방패 삼아 공격의 활로를 찾았다며 기뻐했다. 베네수엘라가 민주주의 사상을 들먹이며 독재자 트루히요에 대해 간섭하지 말아야 한다며 우리를 궁지

---

[85] 도미니카공화국의 수도. [86] 도미니카공화국의 정치인이자 군인. 1930년부터 1961년에 암살당할 때까지 32년간 독재자로 군림하였다.

에 몰아넣었다는 사실은 정말 슬픈 일이 아닐 수 없다. 아메리카 대륙의 해적들에게 정말 멋진 서비스를 한 셈이었다.

또 다른 공격 가능성 중에는, '미친 꼬마' 피델 카스트로를 암살하여 물리적으로 제거하는 것이 있다. 그는 독점자본이 표출한 분노의 표적지가 되었다. 그리고 두 명의 위험한 '국제적인 요원' 라울 카스트로와 본인을 제거하기 위해서 또 다른 방법을 고민할 것이다. 보수 반동 세력에게는 세 사람을 동시에 제거하는 게 가장 좋겠지만, 카스트로 제거 작전에서라도 만족할 만한 결과를 볼 수 있다면 분명 이익이 될 것이다(그러나 민중을 잊어선 안 될 것이다. 독점자본가와 내부 조력자들, 즉 혁명을 주도하고 있는 대장들을 직간접적으로 암살하려는 사건과 관련된 사람이라면 개입 정도에 상관없이 누구든 다 싹 쓸어버릴 전지전능한 민중이 있다는 사실을 절대 잊지 말길 비란다. 그 누구도 이들의 분노를 막을 수 없을 것이다).

변수로서의 또 다른 공격 가능성이 있다면, 과테말라가 엄청나게 쏟아지는 비난의 화살을 피하려고 쿠바가 공산 국가에서 무기를 구매하라고 압력을 가했다는 핑계를 댄 것이다. 어느 정도 결과는 있었다. 하지만 우리 정부의 누군가는 이렇게 말했다. "우리를 공산주의자라는 이유로 공격할 수는 있겠지만, 우리를 바보 얼간이 같은 망할 놈이라는 이유로 제거할 수는 없을 것이다."

독점자본은 쿠바를 직접 공격해야 할 필요성에 대해 어느 정도 윤곽을 잡았다. IBM 컴퓨터를 이용하여 수없이 연산처리를 한 끝에 많은 방법을 찾아냈고 이를 분석했다. 예를 들어 그 당시 우리는 스페인이 변수가 될 수도 있겠다는 생각이 들었다. 처음에는 스페인이라는 변수를 변명거리로 삼으려 들었을 것이다. 용병이거나 강대국의 군인이라는 사실이 너무 눈에 뻔히 보이는 자원병의 도움을 받은 망명자들이, 여기에 공군과 해군의 도움까지 받아, 다시 말해 작전 성공을 위해 어마어마한 지원을 받아 감행한 공격에 대한 변명이었다. 도미니카공화국과 같은 나라를 이용하여 직접 공격하는 것도 가능하다. 전쟁을 일으키기 위해 우리의 형제들인 도미니카 국민과 수많은 용병을 우리 해변에 상륙시켜 결국 산화하게 만들 수도 있다. 그러고도 순진한 척하는 독점 자본주의 국가는 형제간에 일어난 이 '불행한' 투쟁에는 개입하고 싶지 않았다고 이야기하게끔 뒤에서 강요할 것이다. 이를 위해 그들의 장갑차, 순양함, 구축함, 수송기, 잠수함, 소해정, 어뢰정 등을 이용한 미국 쪽 해역과 공역의 감시를 통해 경계선 안에서 전쟁을 제한하고 동결하는 데 집중할 것이다. 아메리카 대륙의 평화를 지키고 있다는 질투심 많은 나라는 쿠바를 위한 물건을 적재한 배라면 단 한 척도 통과하지 못하도록 지키면서도, 불행에 빠진 트루히요의 나라로 향하는 수많은 배는 미국의 '강철'과 같은 감시를 '벗어나도록' 허용할 것이다. 또한, '공산주의' 사상이 우리 섬나라에 풀어놓은 '미친 전쟁'을 끝내기 위해 아메리카 국가들이 만든 '권위 있는' 기구를 통해 개입할 수도 있다. '권위 있는' 미주기구의 메커니즘이 별로 유용하지 않다면, 한국에서 했던 것처럼 평화를 이룩해 국가 간의 이익을 보호한다는 명분으로 직접 개입할 수도 있을 것이다.

아마 공격의 첫발을 우리를 향해 내딛진 않을 것이다. 아메리카 대륙의 국가들 중 마지막까지 우리를 지원할 곳을 제거하기 위해서라도 베네수엘라의 제헌 정부를 먼저 공격할 것이다. 만일 이런 사태가 벌어진다면, 식민주의에 맞선 투쟁의 중심지는 쿠바를 떠나 볼리바르[87]의 조국인 베네수엘라로 옮겨갈 가능성이 있다. 베네수엘라가 최후의 전쟁을 수행하고 있다는 것을 분명하게 인식할 전 민중은 열정을 다해 자유를 수호하기 위해 나설 것이다. 패배 뒤엔 음산한 독재가 똬리를 틀고 있지만, 승리 뒤엔 아메리카의 궁극적인 미래가 있다는 것을 민중 역시 잘 알고 있다. 인민들이 일으키는 거센 투쟁의 물결은 독점자본가들의 묘지와도 같은 평화를 깨트릴 것이며, 살아있는 진정한 평화는 굴종적인 삶을 영위하던 베네수엘라의 형제자매들 몫이 될 것이다.

적이 승리할 가능성이 거의 없다는 근거를 여러 가지 댈 수 있지만, 그중에서 가장 근본적인 것은 다음의 두 가지이다. 먼저 외적인 이유는 지금이 저발전 국가들을 위한 해이자 자유 민중을 위한 해인 1960년이라는 사실이다. 죽음을 안기는 무기와 지불 수단인 돈을 가진 자들에게 지배당할 수밖에 없었던 수백만 사람들의 목소리가 영원히 존중받을 수 있게 된 해이기도 하다. 더 큰, 더 강력한 이유는, 육백만 쿠바군[88]이 조국과 혁명을 지키기 위해 하나로 뭉쳐 무기를 들고 분연히 일어설 것이기 때문이다. 이는 군이 곧 무기를 든 민중의 일부분이라는 것을 의미하는 전장이 될 것이다. 만

---

[87] 시몬 볼리바르(Simon Bolivar, 1783-1830). 남미 대륙의 독립 혁명 지도자. 콜롬비아, 베네수엘라, 에콰도르, 페루, 볼리비아를 스페인 식민통치로부터 독립시켰다. [88] 쿠바인 모두 군인이 될 것이라는 의미에서 쿠바 인구 전체를 군인으로 표현했다.

약 전선이 무너진다 해도, 역동적인 지휘를 받는 수백의 게릴라들이 중앙에서 내려온 지침에 따라 쿠바 각지에서 전투를 이어갈 것이다. 도시에서는 노동자들이 나서서 공장 발치나 노동의 중심지였던 곳에서 적에게 죽음을 안길 것이다. 시골에서는 혁명이 안겨 준 기계로 쟁기질한 이랑과 야자나무 뒤에서 달려 나온 농민들이 침략자들을 무찌를 것이다.

국제적인 연대도 이루어질 것이다. 전 세계 수많은 곳에서 침략에 항의하는 뜨거운 가슴을 가진 수백만의 사람들이 일어날 것이다. 독점자본은 자신들을 떠받치던 썩은 기둥들이 얼마나 힘없이 흔들리는지 곧 목격하게 될 것이다. 언론으로 위장한 위선의 거미줄과 같은 커튼이 단 한 번의 세찬 바람에 어떻게 청산되는지 곧 보게 될 것이다. 그들의 행동은 분명 전 세계 인민의 분노에 맞선 반역이라는 것을 쉽게 알 수 있다. 그렇다면 국내에서는 무슨 일이 일어날까?

중화기도 없을 뿐만 아니라 공군과 해군도 너무 약해 쉽게 무너질 수 있는 우리 섬나라 쿠바의 현 상황을 고려한다면, 눈을 번쩍 뜨게 할 만한 첫 번째 방법으로는 조국 수호를 위한 투쟁에 게릴라 개념을 적용하는 것이다.

우리 보병은 열정과 결단력 그리고 뜨거운 열의를 가지고 싸울 것이다. 쿠바 역사에서 가장 영광스러웠던 최근 몇 년의 쿠바 혁명이 길러낸 아들들이라면 얼마든지 능력이 있다. 최악의 순간에도, 즉 최전선에 나선 우리 쿠바군이 완전히 괴멸된 뒤에도 우리는 계속해서 싸울 방법을 준비해 왔다. 다시 말해서, 우리 쿠바군을 전멸시킬 수 있는 엄청난 적의 화력 앞에서 우리는 즉각적으로 기동성을 갖춘 게릴라로 변신할 것이다. 개별 부대 차원에서는 각 대장들이 지휘권을 폭넓게 행사하면서, 전체적으로는 국내 어딘가에 위치할 총사령부의 지휘를 받을 것이다. 상황에 따라 적절히 지휘권을 행사하면서 전국 차원의 전반적인 전략을 견고하게 만들 수 있을 것이다.

산악 지대야말로 민중이 조직한 무장 전위인 혁명군의 최후의 보루가 될 것이다. 물론 민중항쟁은 위대한 후위에 의해 민중의 집, 전국의 모든 길, 모든 산을 비롯한 국내 어디에서든 일어날 것이다. 여기에서 후위는 훈련을 받고 무장한 전체 민중이다(훈련 방법은 뒤에 이어서 상술할 것이다).

포병은 중화기가 없으므로, 주로 전차와 공습을 막는 데 작전이 집중될 것이다. 수많은, 정말 엄청나게 많은 다이너마이트, 바주카포, 전차 방어용 수류탄, 기동성을 갖춘 방공포, 박격포 포대 등이 우리 위대한 쿠바군의 유일한 무기이다. 자동화기를 든 베테랑 보병은 탄약의 가치를 너무나 잘 안다. 그러므로 이를 내 몸 아끼듯이 애정 담아 다룰 것이다. 예비분의 탄약을 마련하는 것은 불안 요소를 안고 있긴 하지만, 탄창을 재장전할 수 있게 도와줄 특별 부대가 언제나 우리 쿠바군 모든 부대와 함께 나아갈 것이다.[89]

침공 초기 단계에서 공군이 가장 심한 타격을 받을 것이다. 최강대국이 직접 침공을 하거나 암암리에 최강대국의 도움을 받을 괴

---

89 "주석을 달자."(녹색 밑줄)

뢰국가의 용병들이 침공할 것이라고 가정하여 계산해 봤는데, 앞에서 말했듯이 공군은 거의 완벽하게 파괴되고, 겨우 정찰기나 연락기, 여기에 별다른 기능이 없는 헬리콥터 정도만 살아남을 수 있을 것이다.

해군 역시 기동 전략에 맞춘 구조를 가져야 한다. 최대한의 기동성을 유지할 수 있는 소형 함정은 적군에겐 그리 많이 노출되지 않는다. 이런 식의 전쟁에서는 언제나 그렇겠지만, 적의 입장에서는 부딪쳐 싸울 목표물이 고정되지 않아 타격할 지점을 찾기 힘들다는 것이 가장 황당한 일이다. 그러므로 우리는 계속 움직이고 있어 치고 들어갈 수 없는 젤라틴 덩어리 같은 부대가 되어야 한다. 툭하면 후퇴하고 여기저기 상처를 입으면서도 고정된 전선 없이 떠도는 방법을 취할 것이다.

최전선에서 패배하더라도 계속 군을 유지할 방법을 미리 준비해 둔 인민군은 절대로 쉽게 패배하지 않는다. 민중을 구성하는 커다란 두 그룹, 즉 노동자와 농민이 인민군을 중심으로 뭉쳐있다. 농민들은 이미 피나르델리오(Pinar del Río)[90] 주변을 맴도는 소규모 부대를 막는 데 엄청난 효율성을 보여주었다. 농민들 대부분은 고향 땅에서 훈련을 받고 준비할 것이다. 하지만 분대장이나 그보다 더 높은 상급자들은 당연히 우리 군 기지에서 훈련받아야 한다. 물론 지금도 그렇게 훈련하고 있긴 하다. 그들은 농민 항쟁의 각 중심지를 만들기 위해 정부가 이미 나눠놓았던 30개의 농업개발

---

[90] 쿠바 서부 지역에 자리 잡은 주(州)의 이름이자 주도의 도시명.

지역을 토대로 땅, 사회적인 성취, 집, 수로, 둑, 활짝 핀 수확물, 독립 등을 지켜야 할, 한마디로 삶의 권리를 지켜야 할 임무를 맡아야 한다.

처음에는 적의 공격을 막을 수 있을 것처럼 보일 것이다. 그러나 강한 적군 앞에선 점차 흩어질 수밖에 없다. 그러므로 농민은 낮에는 평화롭게 땅을 경작하다가도 밤만 되면 적군에게 두려움과 공포를 안길 게릴라 전사가 되는 등 적군에겐 매서운 채찍이 되어야 한다. 노동자들에게도 이와 유사한 일이 일어날 것이다. 그들의 임무 중 제일 중요한 것은 주변 동료들을 지도하고, 그들에게 전달된 조국 수호와 관련된 소식을 동료들에게 나누어 주는 것이다. 그러나 사회계급과 하는 일에 따라 서로 다른 과제를 맡아야 한다. 농민은 전형적인 게릴라 투쟁을 해야 하므로, 지형으로 인한 어려움을 최대한 이용하여 사격을 잘할 수 있도록 연습해야 하며, 절대로 얼굴을 드러내지 않고 사라질 수 있어야 한다. 노동자는 엄청난 규모와 효율성을 가진 요새인 '현대 도시'에 머무르는 것이 익숙하지만, 동시에 기동성이 떨어진다는 단점도 있다. 노동자들이 처음 배워야 할 것은 차량이나 기타 움직일 수 있는 것과 가정용 집기를 이용하여 바리케이드를 쳐 도로를 막고, 각각의 블록을 요새처럼 활용하는 방법이다. 블록 안쪽의 각각의 벽에 난 구멍을 통해 서로 소통할 수 있는 요새를 만들어야 한다. 방어용으로는 엄청난 위력을 지닌 '화염병'이라는 무기를 사용하는 법을 배우고, 도시에 세워진 집이라면 수없이 많은 총구를 내밀 수 있는 창을 통해 조준 사격을 하는 법을 익혀야 한다.

경찰과 도시 방어를 맡은 정규군의 도움을 토대로 노동자 대중 사이엔 강력한 군사 블록이 만들어질 것이다. 그러나 엄청난 희생이 따를 것이다. 이런 상황에서 벌어지는 도시에서의 투쟁은 농민 투쟁이 갖춘 능력과 유연성까지 도달하기는 정말 어렵다. 많은 사람이, 우리 모두 이 같은 인민 투쟁 과정에서 쓰러질 것이다. 적군은 전차를 활용할 것이다. 하지만 민중이 전차는 측면에 약점이 있다는 것을 알고 두려워하지 않고 달려든다면 전차는 바로 무너질 것이다. 물론 이 과정에서도 엄청난 희생이 따를 것이다.

노동자, 농민 조직과 유사한 여타 조직 또한 있어야 한다. 첫째로는 혁명군의 지휘와 통제를 받는 학도병 조직, 즉 학구열에 불타는 꽃과 같은 젊은이들로 구성된 조직과 여타 학교에 다니지 않는 젊은이들로 이루어진 조직을 만들어야 한다. 여성의 출현만으로도 엄청난 자극이 될 수 있기에 여성 조직은 투쟁에 나선 동료들을 돕는 정말 중요한 역할을 할 수 있을 것이다. 식사를 준비하고, 세탁하고, 부상자를 돌보고, 죽음을 기다리는 혁명 전사를 따뜻하게 안아줄 수도 있을 것이다. 그리고 무기를 든 동료들에게 아무리 어려운 순간이 닥쳐도 혁명이 진행되는 과정에선 절대로 사라지지 않겠다는 결의를 보여줄 수 있을 것이다. 이 모든 것은 인민 대중의 폭넓은 작업을 통해 조직적으로 이루어질 것이다. 그리고 인민 대중의 끈기 있는 교육을 통해 완벽해질 것이다. 다만 여기서 교육은 가장 기초적이고 근본적인 지식에 토대를 두고 이루어져야 하며, 주로 혁명이 이룬 업적에 대해 정직하고 합리적으로 설명할 수 있어야 한다.

무슨 목적으로든 혁명을 알리는 사람에게 주어진 모든 모임과 집회에서는 혁명을 통해 마련한 법에 관해서 이야기하고 설명하고 연구할 수 있어야 한다. 더불어 우리 혁명을 이끄는 대장들의 연설, 특히 우리의 경우엔 논란의 여지가 없는 지도자, 대중을 이끌고 나가기 위해 부단히 노력하는 지도자 피델의 연설을 끊임없이 읽게 하고 토론해야 한다. 시골에서는 라디오 앞에, 좀 더 기술이 발전한 곳에서는 텔레비전 앞에 모여 우리 수상이 인민 대중에 들려주는 훌륭한 강의를 들어야 한다.

 정책에 대한 민중의 참여는 계속되어야 한다. 인민 대중이 품고 있던 열망을 법이나 조례 등 다양한 대안으로 표현한 것이 정책이므로 이에 대한 민중의 참여는 언제나 계속되어야 한다. 혁명에 반기를 든 모든 시위에 대한 감시 역시 혁명 차원에서 계속되어야 한다. 그리고 가능하다면 혁명 집단 내에서의 윤리의식과 도덕에 대한 감시는 혁명에 아직 뛰어들지 않은 사람이나 충실하지 않은 사람들에 대한 감시보다 훨씬 더 엄격해야 한다. 혁명이 기회주의의 위험한 길로 들어서지 않으려면, 어떤 범주의 어떤 혁명 전사도 혁명 전사라는 이유로 품위를 손상하거나 도덕에 반하는 심각한 잘못에 대해 용서받아선 안 된다. 아무리 고통스러워도 이런 일이 있어선 절대 안 된다. 전에 이뤄놓은 다양한 업적은 죄를 경감시킬 수 있는 요소로 작용할 수는 있지만, 잘못된 행동 그 자체는 반드시 처벌해야 한다.

 노동에 대한 경의로서, 무엇보다 전체 집단의 목적을 위한 집단 노동은 반드시 전개되어야 한다. 길, 다리, 부두, 둑을 건설하기 위해 자발적으로 나선 자원봉사자 여단, 학교 건설에 나선 자원봉사자 여단, 온 힘을 모아 노동으로 혁명에 대한 사랑을 보여주는 자원봉사자 여단을 반드시 독려할 수 있어야 한다.

이런 식으로 민중과 함께하는 군대, 군의 뿌리 격인 농민과 노동자를 친구처럼 대하는 군대, 전쟁과 관련된 모든 다양한 기술을 확실하게 익힌 군대, 정신적인 측면에서 최악의 비상 상황에 대해 철저하게 대비하고 있는 군대는 천하무적이다. 게릴라군에 대한 충성과 애국심을 담아 불멸의 영웅 카밀로가 했던 "군은 하나가 된 민중이다"라는 말을 피와 살로 받아들인 군대는 천하무적이다. 이와 같은 모든 이유들 때문에, 쿠바와 같은 '나쁜 사례'를 반드시 억압해야만 하는 독점자본의 공격에도 우리 쿠바의 미래는 그 어느 때보다도 빛날 것이다.

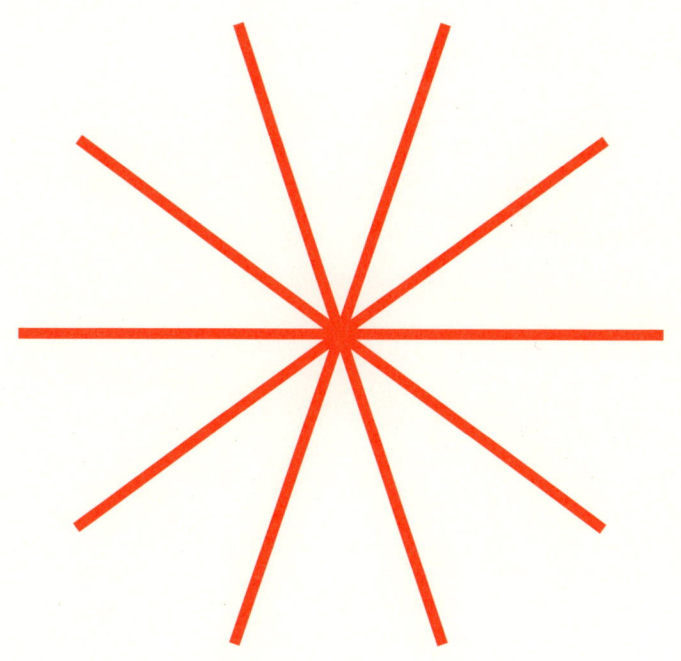

# 영어판 서문

# 체 게바라 정신

I. F. 스톤[91]

---

[91] 이저도어 파인스타인 스톤(Isador Feinstein Stone, 1907-1989). 20세기 미국의 언론인. 25세에 〈뉴욕 포스트〉의 논설위원이 되고, 45세까지 〈더 네이션〉 〈PM〉 등을 거치며 기자와 논설위원으로 활동하다가 1953년부터 혼자서 자비로 미니 신문 〈스톤 위클리〉를 간행하여 18년간 이어갔다. 미국 뉴욕대 언론학부는 〈스톤 위클리〉를 20세기 미국의 100대 사건 가운데 16위로, 신문 중에서는 2위로 평가하고 스톤을 최고 언론인으로 꼽았다. 국내에 평전이 출간되어 있다. 마이라 맥피어슨, 《모든 정부는 거짓말을 한다》(이광일 옮김, 문학동네, 2012).

체 게바라와의 만남에서 가장 먼저 가슴에 와닿은 것은 소박하다는 느낌이었다. 나는 그를 만나기 위해 늦은 밤 아바나의 쿠바 국립은행 건물에서 상당히 긴 시간을 기다렸다. 내가 카스트로의 쿠바를 처음 방문했던 1960년 일이었다. 당시 체는 경제부 장관이었는데, 이곳저곳을 돌아다니던 라틴아메리카 혁명가에겐 어깨에 힘을 줄 수도 있는 직책이었다. 정중하고 반듯하면서도 다소 냉소적으로 보이는, 살집이 두툼한 구체제 집권층 인사 몇 명과 함께 건물 맨 위층 그의 집무실 옆 접견실에서 나는 체를 기다리고 있었다. 게바라는 나를 따뜻하게 맞아주었다. 몇 년 전에 멕시코 주재 미 대사관 측이 체와 동료 혁명가에게 우연히 나를 소개해 줬다는 사실을 떠올리기 전에는 따뜻한 환대의 이유를 알 수 없어 상당히 곤혹스러웠다. 체는 나의 《비사(秘史) 한국전쟁(Hidden History of the Korean War)》 스페인어판이 출판되자 미 대사관이 서둘러 책을 모조리 사들였다고 이야기했다. 하지만 그 덕분에 시중에 남아있던 몇 권은 오히려 더 많이 읽혔고 상당한 호평을 받았다. 아마 생각보다 훨씬 더 좋은 평가였던 것 같다. 체는 나를 양키 제국주의에 맞서는 혁명 동지로 맞아주었다.

그는 내가 만나본 사람 중에서 잘생겼다는 느낌보다는 아름답다는 생각이 먼저 들었던 첫 번째 사람이었다. 곱슬곱슬하고 붉은 턱수염은 그리스의 목신 '판'과, 주일학교에서 언제나 봐왔던 예수님 모습을 묘하게 섞어놓은 것 같았다. 장난기, 열정, 연민, 사명감 등이 인터뷰를 진행하는 내내 그의 온몸에서 뿜어져 나왔다. 하지만 나에게 가장 충격적이었던 사실은 갑자기 손에 쥔 권력에 변질된 것인지 아니면 너무 심취한 건지 잘 구별이 되지 않는 모습을 일관되게 보여준 것이었다. 늦은 밤 간단한 식사를 하기 위해 통역관과 함께 자리를 잡기 전에 나는 잠시 그의 쿠바인 아내를 만났다. 사랑스러운 짙은 눈동자가 매력적인 여인이었다. 체의 말투는 정말 냉철했지만, 그 안엔 무한한 계시론적 비전을 담고 있었다. 그는 거대 제국인 미국에 맞서 라틴아메리카의 마지막 결전을, 다시 말해 마지막 뒤집기 한판을 막 시작하려 하고 있었다. 미국 언론은 이미 체를 카스트로 수행단 중에서 가장 유명한 공산주의자로 묘사하고 있었다. 그와 이야기를 나누며 느낀 건데, 그런 이미지는 단순 무식하기 짝이 없는 미국 정치계의 또 다른 그림자가 아닌가 싶었다. 그는 대화 중에 공산주의자라는 사실을 느낄 만한 상투적인 단어를 전혀 사용하지 않았다. 미국인 리포터가 봤을 때, 상투적인 표현이라고 받아들일 수 있었던 유일한 것은 그의 미국에 대한 불신이었다. 그의 불신엔 정말 많은 이유가 있었다. 그는 아르헨티나 사람이다. 다시 말해 자신들이 라틴아메리카에서 미국의 가장 중요한 경쟁국이라고 생각하는 나라 출신이다. 과테말라의 경우 기나긴 어둠과 같은 독재 이후에도 라틴아메리카 민중의 열망을 미국이 얼마나 노골적으로, 얼마나 무자비하게 다루었는지를 목격하기도 했다. 예컨대 유나이티드 프루트 컴퍼니에 손만 대지 않는다면 우리 미국은 독재로 인한 공포까지도 심각한 문제로 받아들이지 않았다. 쿠바와 마찬가지로 과테말라에서도 오히려 토지개혁이 워싱턴에 심한 경고음을 울렸다. 페론주의(Peronist)[92] 아르헨티나로부터 스스로 망명한 의사였던 체 게바라는 볼리비아 원주민들을 위해 의료 활동을 시작하면서 난생처음 대륙의 비참함을 알게 되었다.

혁명가가 되려는 이유는 정말 많다. 현실에 너무 놀라 혁명가가 되는 사람도 있지만 가끔은 생뚱맞은 동기에서, 예컨대 증오, 자기 자신에 대한 반감, 권력에 대한 탐욕에서 혁명가가 되기도 한다. 그리고 인간의 가장 큰 특징인 어리석음이 자칫 인간에 대한 경멸로 이어질 수도 있는데, 이러한 '어리석음에 대한 혐오'에서 혁명에 뛰어들기도 한다. 체 게바라의 모습에서 민중의 고통을 치유하고픈 열망과 고통에 대한 연민을 느낀 사람도 있다. 이 모든 것은 사랑에서 비롯된 것이었다. 낭만적 성격의 중세 기사소설에 등장하는 완벽한 기사처럼, 세계 최고의 힘을 가진 제국과 한판 싸움을 벌이고자 한 것이다. 그는 로베스피에르[93]가 아니라 원탁의 기사에 나오는 갤러해드 경이었다. 그는 언제나 정치적 관심의 초점을 모스크바가 아니라 자신이 사는 아메리카 대륙에 두었다. 멕시코의 험준한 산맥에서부터 아르헨티나의 팜파까지가 그의 주 관심사였다. 하지만 우리 미국인들은 자문화중심주의 관점에서 아메리카라는 단어를 사용할 때면 아메리카가 어딘지 잊기 일쑤였다. 체의 사무실을 처음 방문했을 때 나눴던 대화 몇 마디를 아직도 기억하고 있다. 그 말은 신기루 같은 희망에서 비롯되긴 했지만 엄청나

---

92 1946-1955년, 1973-1974년 아르헨티나 대통령을 역임한 후안 페론(Juan Domingo Perón) 집권 시기의 국가 주도적인 사회 경제 정책.　93 막시밀리앙 로베스피에르(1758-1794). 프랑스 혁명기의 정치가. 혁명 후 권력을 잡고 반대파 수백 명을 처형하며 공포정치를 하다가 1794년 쿠데타로 타도되어 그 자신도 처형되었다.

게 강한 인상을 남겼다. "우리는 카리브해의 티토[94]가 될 거요." 체는 카스트로 체제에 관해서도 이야기했다. "당신은 티토와도 잘 지낼 수 있을 거요. 그리고 차차 우리와도 잘 지내는 쪽으로 맞출 수도 있을 테고." 그러나 러시아 제국에 맞선 티토와 손을 잡는 것은 아메리카 제국에 맞선 쿠바와 손을 잡는 것과는 질적으로 너무 다른 문제였다. 미국의 정책을 보면 카스트로가 우리 미국의 적대감에서 살아남으려면 흐루쇼프[95] 밑으로 들어가는 수밖엔 없다는 사실을 분명하게 알 수 있었다.

피그만 침공 사건[96] 몇 주 전의 두 번째 방문에선 티토주의에 대해 더는 거론하지 않았다. 이때엔 소련 진영에 가담한 국가를 순방하면서 목격한 것을 열정적으로 털어놓았다. 체는 북한의 재건과 놀랄 만한 산업 생산량에 강한 인상을 받은 것 같았다. 북한은 미국의 폭격과 공격으로 잿더미에서 부활한 아주 작은 나라였는데, 아마 그는 북한을 쿠바 운명의 전조로 보았던 것 같다.

체가 갑자기 사라졌다는 뉴스가 나왔을 때도 나는 전혀 놀라지 않았다. 그가 좀 더 커다란 임무에 착수했음을 의미하는 것이었다. 그는 책상머리에 붙어있을 사람은 아니었다. 그는 영원한 혁명가

---

[94] 요시프 브로즈 티토(Josip Broz Tito, 1892-1980). 유고슬라비아의 독립운동가, 노동운동가, 공산주의 혁명가. 유고슬라비아의 제1대 대통령이자 비동맹 운동의 의장이었다. [95] 니키타 흐루쇼프(Nikita Khrushchyov, 1894-1971). 소련의 정치 지도자. 소련 공산당 서기장과 총리를 역임했다. [96] 1961년 4월 17일, 피델 카스트로의 쿠바 공산정권을 무너뜨리기 위해 미국이 쿠바계 반공 게릴라를 통해 벌인 쿠바 상륙작전. 쿠바 망명자들을 훈련시켜 공격여단을 창설하는 등 야심 찬 계획이었으나 처참하게 실패하고 대부분 포로로 잡혔다.

였다. 쿠바도 이젠 그의 입맛에는 맞지 않는 조용한 나라가 되어 버린 것이다. 카스트로 체제 초기, 아바나의 서점에서 여전히 공산주의 아류와 반공산주의를 표방한 작품을 찾아볼 수 있었을 때까지만 해도 미국과 평화로운 합의가 가능할지도 모른다는 실낱같은 희망이 있었다. 쿠바를 돕기 위해 달려왔던 라틴아메리카 대륙의 망명자들은 혁명의 열기가 눈에 띄게 식어가고 있다고 불평하기 시작했다. 파리 혁명을 돕기 위해 달려왔건만 아무런 결실도 얻지 못했던 폴란드인 자코뱅스[97]처럼 망명자들 역시 비슷한 감정을 느끼기 시작했다. 국제 질서 안에서 새로운 국가가 보이는 관심사가 혁명의 동지애를 희석하기 시작한 것이다. 교회와 마찬가지로 혁명 입장에서도 세상은 함정과 위험으로 가득 찬 곳이다. 예를 들어 처해있는 현실과의 소통이 최소한이라도 필요하다는 점, 빵을 위한 교역의 필요성, 어느 정도는 필요한 외교 관계, 이데올로기적으로 불쾌한 나라가 내미는 유혹의 손(프랑코가 카스트로에게 손을 내밀었듯이), 무기·기술·타협·이중성을 요구하는 국정 운영 논리 등 열거하자면 끝이 없다. 일시적이나마 권력을 장악하면서 혁명 역시 교회와 마찬가지로 죄를 지을 수밖에 없는 상황에 빠져들었다. 누구나 쉽게 상상할 수 있었겠지만, 체는 순결한 덕성을 잃고 서서히 썩어가는 상황에 무진 괴로웠을 것이다. 그는 쿠바 사람도 아니었던 데다, 라틴아메리카 국가 중에서 단 한 나라만 양키

---

[97] 폴란드인 자코뱅스는 18세기 후반 급진 성향의 폴란드 정치인에게 반대파들이 붙인 이름이다.

제국주의에서 벗어나 자유를 되찾은 것에 만족하기 어려웠다. 그는 아메리카 대륙 차원에서 생각하고 있었다. 어떤 의미에서 체는 초기의 성도처럼 사막에서 피난처를 찾고 있었다. 인간 본성으로부터 거듭나지 않은 수정주의(revisionism)[98]로부터 신념의 순수성을 지키기 위해서라도 그는 사막에 있어야만 할 것 같았다.

체는 라틴아메리카의 영웅들 한가운데에서 볼리바르와 후아레스[99]와 더불어 살아갈 것이다.

그의 게릴라전에 대한 소책자는 혁명가를 위한 경전일 뿐만 아니라, 반혁명의 앞잡이 포트브래그—존 F. 케네디는 그곳에서 반(反)혁명을 위한 특수부대 훈련을 시작했었다—의 그린베레에 맞서는 안티 경전이기도 하다. 하지만 체가 소박하면서도 유용한 이 소책자를 만들면서 쏟았던 냉철하고 진지한 고민에 관심을 표방하는 사람은 우리 미국에선 몇 안 될 것이다. 아무리 사이비 민주주의라도 평화롭게 체제를 이행할 가능성이 조금이라도 남아있다면, 아직은 게릴라 활동이 시기상조라고 체는 이야기했다. 이는 이데올로기 측면에서 봤을 때 1776년과도 상당 부분 일치한다고 볼 수 있다. 그러나 정치적인 측면을 고려하지 않아도 되는 군사 논리나 반공산주의 공황 상태에서 벗어난다면, 우리는 스스로—최근의 그리스에서

---

98 마르크스주의적 노동운동 내부에서 부르주아 사상의 영향을 받아 마르크스주의에 적대하는 기회주의적 조류.  99 베니토 후아레스(Benito Pablo Juárez, 1806-1872). 19세기 멕시코의 원주민 출신 법률가이자 정치인. 후아레스 법, 교회재산몰수법 등을 제정함으로써 성직자와 군인, 토지 귀족의 특권을 폐지하고자 했다. 보수파의 쿠데타, 대지주와 가톨릭 성직자들의 반대, 프랑스군의 침략 등 갖은 탄압에 저항하며 멕시코 대통령을 역임했다.

처럼—상대를 환영하는 깔개를 어디에든 내려놓을 수 있다.

내가 보기에 카스트로의 쿠바와 안데스에 더 위대한 '시에라마에스트라'를 건설하고 싶다는 체의 사명엔 뭔가 시대에 뒤처진 듯한 성격이 있다. 카스트로 혁명에 어울리는 반주가 있다면 그것은 쇼팽이었고, 여기엔 가리발디 정신이 걸려있었다. 다시 말해 19세기의 지나치게 순진했던 희망과 인도주의적 신념만 담겨있었다. 히로시마 이야기와 IBM의 새 컴퓨터 시나이(Sinai)에 대해선 일언반구도 듣지 못한 것 같았다. 라틴아메리카의 고단한 현실은 카스트로 혁명이 들고나온 상투적인 문구와는 판이했다. 구 과두제 치하의 고위관료와 미국의 원조를 대체할 경영과 과학 분야의 핵심 간부들을 어떻게 길러낼 것인가? 교육과 역사 차원에서 분석했을 때, (쿠바의) 문맹자 집단은 아주 오래전부터 높은 생산성을 보인 중국인들과는 확연하게 다른 모습을 보였다. 그런데 어떻게 이들에게 영감을 불어넣고 어떻게 조직하여 오랜 배고픔까지 극복하고 자발적으로 힘든 노동을 하게끔 유도할 것인가? 혁명의 노래가 시들해진 다음에도 사람들은 여전히 일을 해야만 한다.

당신이 뭔가를 쉽게 손에 넣은 부자가 되었다고 한다면, 이것을 어떻게 처분해 돈을 만들 것인지 고민해야 한다. 예컨대 베네수엘라가 미국의 석유 회사를 강제수용했다고 해도, 어떻게 석유 카르텔이 모든 유조선과 직매장을 통제하는 이 세상에서, 게다가 소비에트 진영 역시 팔고 남을 만큼 잉여분을 가지고 있다면, 석유를 파는 것이 가능할까? 당신이 칠레에서 미국 구리 회사를 강제수용한다면, 미국의 봉쇄와 공격을 뚫고 구리를 제련하여 팔 수 있을

까? 별로 원하는 것 같지도 않은데, 과연 모스크바는 쿠바와 같은 수많은 나라를 지원할 수 있을까? 화장터, 고리대금업 청산, 히로시마와 나가사키에 떨어진 원폭 등의 문제가 산적한 우리 시대에서, 아무리 선한 의지가 있다 한들 인간에 대한 혐오가 켜켜이 쌓인 사람들에게 혁명에 나서달라고 어떻게 설득해야 할까? 이와 같은 다중 살인은 이 길만이 지상의 세속적 낙원으로 가는 유일한 길이라는 자본주의라는 특정 비전의 영향 아래 벌어진 일이다. 그런데 새로운 세상은 유혈 항쟁을 통해서만 건설 가능하다는 믿음을 어떻게 우리에게 심어줄 수 있단 말인가?

나는 체 게바라가 품은 미래에 대한 전망에서 셸리[100] 숭배자들이 지녔던 순수함을 느낄 수 있었다. 나는 체는 죽을 수밖에 없다는 서글픈 전망에 가슴이 아리다. 하지만 새로운 체 게바라들이 등장하여 굳은 의지로 체의 노력을 이어나갈 것이라는 사실을 격하게 환영한다. 두려움을 잊은 혁명가의 무한 도전이 없다면, 라틴아메리카의 과두제와 워싱턴이 평화롭게 변화할 일은 절대 없을 것이다. 그러나 나는 그들의 승리가 이를 위해 감당해야 했던 끔찍한 비용만큼의 효과를 가져올 것이라고 생각하지는 않는다. 그리고 이 한 줌도 안 되는 소수의 낭만적인 생각을 품에 안은 사람들이 거대한 미국의 힘, 유연성, 정보 등을 과소평가하고 있다고 생각

---

100 퍼시 비시 셸리(Percy Bysshe Shelley, 1792-1822). 영국의 낭만파 시인. 영국 낭만파 중에서 가장 이상주의적인 비전을 그렸다. 작품이나 생애가 압제와 인습에 대한 반항, 이상주의적인 사랑과 자유를 향한 동경으로 일관하고 있다.

한다. 미움, 빈곤, 절망 등이 우리 미국의 어두운 슬럼가에서 폭발적으로 몸집을 키워가는 이 시점에, 나의 사랑하는 조국은 베트남을 비롯한 여러 곳에서 저지른 어리석은 짓 탓에 '국가 방어'에 수조 달러를 쏟아부어야만 했다. 나는 체의 먼 미래에 대한 전망이 나의 전망보다 훨씬 더 현실적이었다고는 보긴 힘들 것 같다. 하지만 미 대통령 린든 존슨은 체 게바라 혼자서는 절대 이룰 수 없었던 것에 불을 붙일 것이다.

1967년 10월 20일

## 체 게바라 Che Guevara

'쿠바 혁명의 아버지'라고 불리는 남미의 혁명가. 본명은 에르네스토 라파엘 게바라 데 라 세르나(Ernesto Rafael Guevara de la Serna)이다. 1928년 아르헨티나의 로사리오에서 태어나 부에노스아이레스 의과대학에서 의학박사 학위를 받았다. 친구와 남미 대륙 여행 중 빈부 격차로 고통받는 민중의 비참한 삶을 목격하며 사회적 불평등에 대한 강한 문제의식을 갖게 된다. 1954년 과테말라 혁명에 참여하여 본격적인 혁명가의 길로 뛰어들었다.

과테말라 쿠데타 정권의 블랙리스트에 오른 체 게바라는 멕시코로 망명했고, 그곳에서 피델 카스트로를 만나 1956년에 함께 쿠바로 떠났다. 쿠바 상륙 직후 바티스타 정부의 공격을 받아 시에라마에스트라 산맥으로 피신하여 그곳에서 본격적으로 게릴라전을 펼치기 시작했다. 민중의 지지를 받으며 크고 작은 전투에서 잇달아 승리하여, 2년 만인 1959년에 독재 정부를 몰아내고 혁명에 성공했다.

쿠바 혁명 정부에서 쿠바 국립은행 총재, 산업부 장관 등을 맡아 대내외적으로 활동했으며, 특히 의사로서 의료 개혁을 주도했다. 1965년 편지를 남기고 돌연 아프리카로 떠나 콩고 혁명군에 가담했으나 별다른 성과를 얻지 못했다. 이듬해 남미로 돌아와 볼리비아 혁명군에 가담해 게릴라 활동을 펼치던 중 포로가 되어 1967년 총살당했다.

"20세기 가장 완벽한 인간"(사르트르)이라고도 불렸던 체 게바라는 사후 68혁명의 정신적 지주가 되는 등 수많은 추종자를 낳았다. 가히 '열풍'이라 불릴 만큼 그의 행적을 다룬 책과 영화부터 그의 사진이 새겨진 포스터와 티셔츠까지 전 세계적으로 사랑받았다. 국내에서는 프랑스 기자 장 코르미에가 쓴 《체 게바라 평전》(김미선 옮김, 실천문학사, 2000)이 베스트셀러가 되었다. 체 게바라가 직접 쓴 저서로는 《체 게바라 시집》, 《체 게바라의 볼리비아 일기》, 《체 게바라의 모터사이클 다이어리》, 《체의 마지막 일기》, 《체 게바라의 라틴 여행 일기》 등이 있다.

## 옮긴이 남진희

한국외국어대학교 스페인어과를 졸업하고 동 대학원에서 중남미 문학을 전공하여 박사 학위를 받았다. 현재 한국외국어대학교와 동국대학교에서 강의하며 다양한 책을 번역하고 있다. 〈호세 마르띠의 중남미 사회개혁론으로서의 문화 예술에 대한 전망〉, 〈혁명 이후 쿠바의 문화 정책〉 등의 논문을 썼으며, 공군사관학교에서 스페인어 교관으로 근무하기도 했다.

옮긴 책으로는 로아 바스또스의 《사람의 아들》, 호르헤 루이스 보르헤스의 《상상동물 이야기》와 《꿈 이야기》, 알베르토 브레시아가 그림을 그린 《체 게바라》, 후안 호세 미야스와 후안 루이스 아르수아가의 대담을 엮은 《루시의 발자국》 등이 있다.

## 게릴라전
약자가 강자에 맞서는 방법

| | |
|---|---|
| 1판 1쇄 발행 | 2022년 9월 15일 |
| | |
| 지은이 | 에르네스토 체 게바라 |
| 옮긴이 | 남진희 |
| 펴낸이 | 최재균 |
| 편집 | 심슬기 |
| 마케팅 | 김승환 |
| 디자인 | 이기섭 땡스북스·인덱스 |
| | |
| 펴낸곳 | 걷는책 |
| 등록번호 | 제300-2001-7호 |
| 주소 | 03979 서울특별시 마포구 성미산로23길 54, 3동 503호 |
| 전화 | 02-736-1214 |
| 팩스 | 02-736-1217 |
| 전자우편 | book@mphotonet.com |

걷는책은 일반·교양 단행본 브랜드로
포토넷PHOTONET, 포노PHONO와 함께
(주)티앤에프 출판사업부의 임프린트입니다.

ISBN 979-11-89716-27-1 03390

책값은 뒤표지에 있습니다.
잘못 만든 책은 구입하신 곳에서 교환해 드립니다.

걷는책 따뜻한 문화 | PHOTONET 사진과 시각예술 | PHONO 음악, 삶의 풍요